安全工程专业实验指导教程

主编 陆 强 乔建江

华东理工大学出版社
EAST CHINA UNIVERSITY OF SCIENCE AND TECHNOLOGY PRESS
·上海·

图书在版编目(CIP)数据

安全工程专业实验指导教程/陆强,乔建江主编. —上海:华东理工大学出版社,2014.12(2022.1 重印)
ISBN 978-7-5628-4084-8

Ⅰ.①安…　Ⅱ.①陆…②乔…　Ⅲ.①安全工程—实验—高等学校—教材　Ⅳ.①X93-33

中国版本图书馆 CIP 数据核字(2014)第 253766 号

内 容 提 要

本书是根据安全工程专业实验课程的基本内容与要点,结合多年的教学经验和安全技术研究、安全检测与监测工作的需要编写而成的,内容丰富,覆盖面广。全书涵盖了危险品防火防爆基础实验、工作场所粉尘测定与危害实验、化工过程安全实验、材料阻燃性能实验、危险化学品分析实验、危险货物危险特性分析实验、应急救援实验七个大篇内容,共计 37 个实验。实验原理简明扼要,实验方法详细明确,既注重学生对安全工程基本实验技能的掌握,又突出了化工过程安全中多种仪器与方法的综合性实验训练。

本书既可作为高等院校安全工程专业本科生或研究生的专业教材,也可作为安全、环境、化工、矿山、消防、建筑等相关专业科技工作者和工程技术人员,以及安全科学研究、安全管理和安全监管人员的参考用书。

安全工程专业实验指导教程

主　　编 / 陆　强　乔建江
责任编辑 / 焦婧茹
责任校对 / 成　俊
封面设计 / 肖祥德　裘幼华
出版发行 / 华东理工大学出版社有限公司
　　　　　地　　址：上海市梅陇路 130 号,200237
　　　　　电　　话：(021)64250306(营销部)
　　　　　　　　　　(021)64252344(编辑室)
　　　　　传　　真：(021)64252707
　　　　　网　　址：www.ecustpress.cn
印　　刷 / 广东虎彩云印刷有限公司
开　　本 / 787 mm×1092 mm　1/16
印　　张 / 13
字　　数 / 313 千字
版　　次 / 2014 年 12 月第 1 版
印　　次 / 2022 年 1 月第 3 次
书　　号 / ISBN 978-7-5628-4084-8
定　　价 / 30.00 元

联系我们：电子邮箱 press@ecust.edu.cn
　　　　　官方微博 e.weibo.com/ecustpress
　　　　　淘宝官网 http://shop61951206.taobao.com

前　言

专业实验是专业知识体系中不可分割的重要组成部分,是深化学习专业知识和专业知识实现工程化应用的重要途径,是开展科学研究和推进学科发展的重要方法,也是培养学生动手能力和形成科研思路的重要手段。安全工程专业实验课程是一门实用性很强的专业课,实验设置的内容既是专业特色的体现,也是专业培养方向的保证。本书围绕化学物质的易燃易爆和有毒有害危险特性设置实验内容,是化工安全特色方向安全工程专业的典型教材。

安全工程涉及较宽的学科体系,是一门综合性、实践性较强的交叉科学。本书在实验内容设置上,突出化工安全的核心影响因素,即物质危险性的研究。在一个化工产品的生产过程中,从原料采购、运输、仓储到生产的每一个环节都使用大量的危险化学品。这些化学品具有易燃、易爆、毒害性等特殊性质,因此潜藏着安全隐患和风险。本书从防火、防爆、防毒这三方面入手组织实验内容,涉及安全性识别、监测、分析与评估等。全书力求实验内容的实用性、适用性和简便性,并注重专业实验的先进性,吸收那些代表安全测试与研究的新方法、新手段、新理论组成专业实验教学内容。本书适合安全工程专业的本科生、研究生使用,同时可作为相关课程的实验、课程设计和校内实训的实验指导书,也可供从事安全行业的专业人士使用和参考。

全书内容包括七大篇,即危险品防火防爆基础实验、工作场所粉尘测定与危害实验、化工过程安全实验、材料阻燃性能实验、危险化学品分析实验、危险货物危险特性分析实验、应急救援实验,共计37个实验。全书第五篇由王晓霞编写,陆强、乔建江编写余下各篇,最后由陆强统稿。乔建江教授对全书进行审核和定稿,王晓霞还参与了全书的校勘。

在本书的编写过程中,编者参阅并引用了许多国内外有关文献和资料,还得到了华东理工大学资源与环境工程学院的指导帮助和教务处的资助,在此一并表示衷心的感谢。

由于本书的涉及面较广,编写时间仓促,且编者水平有限,书中的错漏之处在所难免,敬请各位专家和读者批评指正。

编　者

2014 年 9 月

目 录

第一篇

危险品防火防爆基础实验

实验 1　可燃液体闪点测定实验

一、实验目的

　　石油已成为世界第一能源,以石油或石油中某一部分为原料产出的种类繁多的石油产品,如燃料油、液化石油气、航空汽油、喷气燃料、煤油、柴油、重油、润滑油、溶剂油、渣油等,在国民经济的发展和人民日常生活中发挥着极其重要的作用。对石油产品的质量和性质的准确分析,有助于人类正确认识和合理使用这些石油产品。石油产品的一个重要性质是在一定条件下会着火并燃烧,表征这一性质的参数有闪点、燃点和自燃点。这些参数是评价石油产品蒸发倾向大小和安全性的指标。其中闪点是指使用专门仪器,在规定条件下将可燃性液体加热,其蒸气与空气形成的混合气与火焰接触,发生瞬间闪火时的最低温度,闪点越高越安全。闪点测试是保证不发生火灾安全性的重要措施,对于石油产品的储存、运输和使用都有非常重要的意义。本实验目的如下。

　　(1) 掌握可燃液体闪点的定义及液体存在闪燃现象的原因;

　　(2) 学会闭口杯闪点测定仪的使用和测量石油产品可燃液体闪点的方法。

二、实验原理

当可燃液体温度比较低时,由于温度低、蒸发速度慢,液面上方形成的蒸气分子浓度比较低,低于爆炸下限,此时蒸气分子与空气形成的混合气体遇到火源是不能被点燃的。随着温度的不断升高,蒸气分子浓度逐渐增大,当蒸气分子浓度增大到爆炸下限的时候,可燃液体的饱和蒸气与空气形成的混合气体遇到火源会发生一闪即灭的现象,这种一闪即灭的瞬时燃烧现象称为闪燃。在规定的实验条件下,液体表面发生闪燃时所对应的最低温度称为该液体的闪点。在闪点温度下,液体只能发生闪燃而不能出现持续燃烧。这是因为在闪点温度下,可燃液体的蒸发速度小于其燃烧速度,液面上方的蒸气燃烧完全后蒸气来不及补充,导致火焰自行熄灭。

从消防观点来看,闪燃是火险的警告,是着火的前奏。掌握了闪燃这种燃烧现象,就可以很好地预防火灾发生或减少火灾造成的危害。闪点是衡量可燃液体火灾危险性的一个重要参数,是液体易燃性分级的依据。闭口闪点等于或小于 61℃ 的液体为易燃液体。按闪点的高低易燃液体可分为:①低闪点液体,指闪点 $<-18℃$ 的液体;②中闪点液体,指 $-18℃ \leqslant$ 闪点 $<23℃$ 的液体;③高闪点液体,指 $23℃ \leqslant$ 闪点 $\leqslant 61℃$ 的液体。

三、实验仪器

可燃性液体闪点的测定,是人们为检验燃料和润滑油的质量而提出来的。闪点测试最初起源于英国,主要是使用 Abel 闪点仪。1873 年德国工程师 Berthold Pensky 改造了 Abel 系统,形成 Abel Pensky 闪点仪,后来又和 Adolf Martens 教授共同研制成功宾斯基-马丁(Pensky-Martens)闪点仪。该仪器一经问世,便获得工业界和科技界的广泛认可,成为测量闪点的主要标准仪器之一。与此同时,美国推出了 TAG 闭口闪点仪和 Cleveland 开口闪点仪。

根据实验测定条件的不同,闪点分为闭口闪点和开口闪点。本实验测定的是闭口闪点,采用手动型闭口闪点测定仪,该仪器符合我国的 GB/T 261 标准,参照宾斯基-马丁闪点仪制备。测定仪包括油杯、搅拌器、油杯盖、电炉、滑板、点火器、电气装置、温度计、挡风板等。主要部件规格如下。

(1) 标准油杯内径为 50.8mm,深度为 56mm,试样容量约为 70mL,试样容量刻度线深度为 34.2mm。

(2) 点火器孔径为 0.8mm。

(3) 电热装置由调压可控硅、600W 电热丝组成,试样升温速度在 $1\sim12℃/min$ 内。

(4) 电动搅拌装置由恒速马达、搅拌叶片组成,搅拌叶片尺寸为 8mm×40mm,传动方式是软轴传动。

手动型闭口闪点测定仪结构简图如图 1-1 所示。图中各部分功能介绍如下。

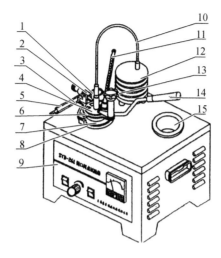

图 1-1 手动型闭口闪点测定仪结构简图

1—搅拌器,用于搅拌油杯中的试样;2—点火器,用于调节火焰的大小和关闭、打开煤气;3—点火管,用于点燃煤气;4—滑板,点火时滑板滑动并控制点火器自动转向点火孔点火;5—煤气导管,用于传导煤气;6—油杯盖,盛试样的油杯盖子;7—油杯,用于盛放待测的试样;8—电炉,用于加热油杯中的试样;9—面板(如图 1-2 所示);10—传动软轴,连接搅拌电机和搅拌叶片,组成搅拌系统;11—温度计,内标式水银温度计,检测试样加热温度;12—电动机(搅拌电机),与传动软轴和搅拌叶片组成搅拌系统;13—弹簧旋钮,点火前锁紧滑板,点火时控制滑板的滑动;14—油杯手柄,连接油杯,方便拿取油杯;15—油杯座,放置试样油杯或备用油杯

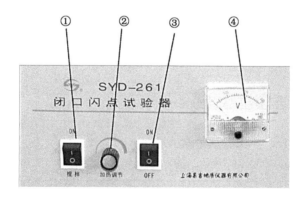

图 1-2 手动型闭口闪点测定仪面板

① 搅拌开关——打开此开关,指示灯亮,搅拌器工作;

② 加热调节旋钮——用于调节加热电炉的功率;

③ 电源开关——打开此开关,指示灯亮,仪器接通工作电源;

④ 电压表——指示电炉的加热电压值

四、实验药品

柴油。

五、实验内容及方法

基本步骤:装试样→放置在电炉上→装温度计→按规定加热升温→点火试验→记录数据。

(1) 将试样注入油杯中,加到与刻度线平齐。注意:首先把油杯平放在实验台上,然后将药品倒入小烧杯中,再用小烧杯往油杯里加,加到快与刻度线平齐时,改用滴管滴。注入试样时应缓慢,不应溅出,而且液面以上的油杯壁不应沾有试样。

(2) 将装好试样的油杯平稳地放置在电炉上(即将油杯上的小孔对准仪器上的铆钉平放),再将搅拌装置和油杯盖卡入仪器上的卡口固定好,并将温度计放入油杯盖孔口。

(3) 打开可燃气阀门(注意阀门不宜开得过大),将点火器点燃(点火器的火焰长度为3~4mm,不宜太长),接通闪点测定仪的加热电源进行加热,并同时打开搅拌器开关使液体均匀受热,试样温度逐渐升高。通过控制电压,严格控制升温速度(柴油将电压控制在30~80V),在整个试验期间,试样以5~6℃/min的速率升温。当试样温度达到预计闪点前23℃时,开始点火(扭动旋手,能使滑块露出油杯盖孔口,同时点火器自动向下摆动,伸向油杯盖点火孔内进行点火),要求火焰在0.5s内下降至试验杯的蒸气空间内,并在此位置停留1s,然后迅速升高回到原位置。试样每升高1℃重复一次点火试验。

(4) 当在液面上方观察到一闪即灭的明显蓝色火焰时,记录温度计的读数,记录的温度即该试样的闪点。观察闪点与最初点火温度的差值应在18~28℃之内,否则,应更换试样重新进行试验。注意:闭口杯仅测可燃液体的闪点,不测燃点。

(5) 关闭电源,将油杯内的试样倒入废油回收烧杯中。等待电炉自然冷却降温,降到室温后再用另一油杯换上新鲜的试样,重复上述实验,并记录实验结果。

(6) 每种试样各测两次,要求两次闪点误差不超过2℃。

六、实验数据记录与结果处理

将实验数据填入表1-1中,并计算平均结果。

表1-1 手动闭口闪点测定仪数据记录表

物 质 名 称	闪点/℃		
	第一次	第二次	平均值

七、思考题

(1) 为什么实验用油每次都要取新鲜的试样? 油杯内的试样能不能连续使用?

(2)影响测定结果准确程度的因素有哪些?

(3)影响闪点测定值的因素有哪些?

(4)可燃液体的闪点估算方法有哪些?

实验 2　可燃液体燃点测定实验

一、实验目的

(1)掌握可燃液体燃点的定义及液体存在闪燃现象的原因;

(2)学会使用开口杯测定仪测量可燃液体燃点。

二、实验原理

燃点又叫着火点,是指可燃性液体表面上的蒸气和空气的混合物与火接触而发生火焰,并能继续燃烧不少于 5s 时的温度,可在测定闪点后继续在同一标准仪器中测定。可燃性液体的闪点和燃点表明其发生爆炸或火灾的可能性的大小,对运输、储存和使用的安全有极大关系。

可燃液体的燃烧,并非可燃液体本身,而是液体蒸发出来的气体在燃烧。液体的蒸发要克服液体分子间存在的引力(称之为分子间力),而同类液体分子间力的大小与液体相对分子质量大小有关,相对分子质量大的液体的蒸发比相对分子质量小的液体的蒸发要困难,只有升高温度,才能使液体中能量大的分子数目增多,克服液体表面引力的束缚,使蒸气进入空气中的分子数量增加,蒸气压力提高。在闪点温度下,液体只能发生闪燃而不能出现持续燃烧。这是因为在闪点温度下,可燃液体的蒸发速度小于其燃烧速度,液面上方的蒸气燃烧完后蒸气来不及补充,导致火焰自行熄灭。继续升高温度,液面上方蒸气浓度增加,当蒸气分子与空气形成的混合物遇到火源能够燃烧且持续时间不少于 5s 时,此时液体被点燃,它所对应的温度就为该液体的燃点。对于易燃液体而言,燃点与闪点的温差很小,一般在 1～5℃。随着闪点温度的增加,燃点和闪点的温差逐渐加大。

从消防观点来看,闪燃是火险的警告,是着火的前奏。掌握了闪燃这种燃烧现象,就可以很好地预防火灾发生或减少火灾造成的危害。

三、实验仪器

本实验所用仪器为半自动开口杯闪点和燃点测定仪(图 2-1),包括克利夫兰油杯、点火器、电炉、温度计、温度传感器、微电脑控制板、控制键盘、显示器、遥控器等。

图 2-1　半自动开口杯闪点和燃点测定仪

四、实验药品

甘油。

五、实验内容及方法

基本步骤:装试样→放置在电炉上→装温度计→按规定加热升温→点火试验→记录数据。

(1)做好准备工作:将试样注入克利夫兰油杯,加到与刻度线平齐。将油杯平稳地放置在电炉上,将玻璃温度计和温度传感器放入试样中央,保证温度计的水银球处于液体的正中间,感温泡距底部6mm。调节好点火器并点燃(点火器的火焰长度为3~4mm,不宜太长),点火器与油杯相切但不摩擦。

(2)打开电源开关,显示器显示"SYP-"。在键盘上依次按"F""E"键,仪器进入自测试及调校状态,此时显示器自动显示"0000"到"7777",然后显示当前温度数(第一次使用时须做这一步,之后可以不用)。按"D"键,点火器转动,观察点火器回扫角度是否正确(应保证点火器在液面正上方扫描),如不正确请手动调整点火器位置即可。

(3)在键盘上依次按"F""A"键,此时可输入试样的预期闪点(该仪器只适用于测定闪点在70~400℃的可燃液体),输入完毕后,再按"A"键进行确认。

(4)在键盘上按"C"键,仪器开始自动控温及自动扫描点火。此时对比玻璃温度计与显示器的温度读数,调节温度传感器的上下位置,使得显示器读数与玻璃温度计的读数一致。在预计闪点前56℃时,仪器加热速度控制在14~17℃/min内,到预计闪点前28℃时,加热速度控制在5~6℃/min内,同时温度每升高2℃,点火装置自动划过杯面并点火一次这时要观察油杯面是否出现闪燃或燃烧,当出现闪燃时,立刻按遥控器"关"键,此时显示被锁定,按键盘上的"B"键可保存试样的闪点温度,再按遥控器键"开"键,显示锁定被解除,显示器继续显示当前温度,仪器继续升温。当出现燃烧现象时,按一下遥控器"关"键,仪器自动计时5s,计时结束时发出报警声,此时若试样还在燃烧,可按键盘上的"B"键保存。如不足5s试样就熄火,应再按一下遥控器"开"键继续观察。测试结束后,可连续按"D"键,显示器显示被保存的闪点及燃点等记录数据。之后再取出温度计及温度传感器,盖熄火焰。

如要再做试样测试,可在键盘上按"F"键后重复以上操作。每种试样要求测两次。注意每做完一次,一定要将油杯和电炉降至室温再重复实验。

(5)每种试样各测两次,要求两次闪点误差不超过±8℃,燃点误差不超过±8℃。

(6)实验结束时,在键盘上按"F"键,等电炉冷却后再关电源。

六、实验数据记录与结果处理

将实验数据填入表2-1中,并计算平均结果。

表2-1 半自动开口杯闪点与燃点测定仪数据记录表

物 质 名 称	第 一 次		第 二 次		平 均 值	
	闪 点	燃 点	闪 点	燃 点	闪 点	燃 点

七、思考题

(1) 对于特定油品,分别用开口和闭口测定方法测得的闪点值有何区别? 为什么?

(2) 为什么可燃液体的燃点高于闪点? 燃点和闪点温度差有多大? 分析一下有什么规律?

(3) 为什么评价易燃液体危险性的是闪点而不用燃点? 影响燃点测定的因素有哪些?

实验 3　抗燃油自燃点测定实验

一、实验目的

(1) 掌握抗燃油自燃点的测定方法;

(2) 了解自燃点测定仪的组成与使用方法。

二、实验原理

所谓自燃点即自燃温度,是指物质在没有火焰、电火花等火源作用下,在空气或氧气中被加热而引起燃烧、爆炸的最低温度。自燃温度一般受到加热物质的容器表面状态和加热速度等影响,如果是固体物质,甚至受到物理状态的影响。因此,自燃点不是物质的固有的常数,和闪点是根本不同的,各种资料中引用的数据往往不同。可燃物质的自燃点,随着影响因素不同而变化,例如压力对自燃点就有强烈的影响,压力越高,自燃点越低,所以高压可燃气体容易发生爆炸事故,自燃点降低是引起爆炸事故的重要原因之一。

汽轮机调速系统中的液压传递介质,中小发电机组都是用油(即汽轮机油),这个等级的机组蒸气温度不超过 500℃。汽轮机油是从石油中提炼出来的,属于天然化石矿物油,其自燃点一般都在 500℃ 以下,在调速系统中使用这类矿物油没有燃烧的危险。300MW 及以上的大机组就不同了,由于压力和温度更高,就需要自燃点更高的液压传递介质。目前,国内外普遍采用自燃点在 500℃ 以上的抗燃油。实际上它并不是"油",而是人工合成的化学品,用得最多的是磷酸酯类,它有良好的热氧化安定性、润滑性、低挥发性和抗燃性,因此在高温下使用是安全的。抗燃油现已被广泛用于大型汽轮机的调节系统,自燃点是抗燃油抗燃性的重要指标之一。电力行业制定的标准,非等效采用了 IEC 79—4(1995)标准,IEC 79—4 标准规定了可燃液体、气体的自燃点的测定方法。随着我国电力、石油、化工等行业的蓬勃发展,对抗燃油抗燃性的检测要求越来越多。

三、实验仪器

实验用自燃点测定仪符合 DL/T 706—1999《电厂用抗燃油自燃点测定方法》要求。用于测定 300MW 以上发电机组调速系统中抗燃油的自燃点温度。仪器采用先进的人工智能调节算法进行控温,使容器内部温度达到热平衡,烧瓶内的顶部、中部、底部温度控制在1℃之内。仪器测试方便,性能稳定可靠,适用油品:抗燃油及其他特种油类。

仪器的主体为加热炉,主要组成如下。

（1）加热炉

加热炉的结构如图 3-1 所示,主要包括炉腔、炉内三角瓶、测温热电偶、电加热丝、保温层、壳体等。采用三点测温,测点分别位于炉内三角瓶底部中心、侧壁和上部,且紧贴瓶壁。可通过调节电加热丝的功率使三个测点的温度相差在1℃以内。

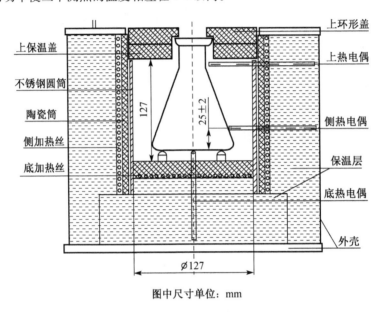

图中尺寸单位: mm

图 3-1　加热炉体示意图

（2）炉内三角烧瓶

采用 200mL 锥形硼硅玻璃烧瓶,净重 60g±5g,其外形尺寸如图 3-2 所示。

（3）自动吹风装置

保证炉内清洁,氧气充足,便于采集自燃点。

（4）自动进样装置

温度升到目标温度时,自动进样装置自动向烧瓶中滴入 50μL 油样。

四、实验内容及方法

（1）准备工作:用 1mL 注射器抽取油样 1mL,放在一旁备用,抽取油样时注意不要让注射器中有气泡;检查锥形瓶是否干净,若不干净将其清洗干净;连接主机

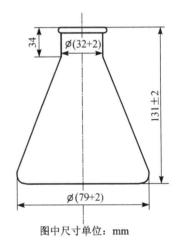

图中尺寸单位: mm

图 3-2　实验用 200mL 锥形烧瓶结构图

电源线。

键盘操作说明:本仪器键盘设有"返回""确定""上下""左右""升降"共 5 个键,其功能如下。

① "返回"键用于返回上一层界面;

② "确定"键用于确定和进入下一界面;

③ "左右"键用于选定要修改的参数;

④ "上下"键用于修改和选择操作;

⑤ "升降"键用于升降检测器。

(2) 开启主机电源,停留几秒后,按"确定"键进入仪器设置主界面,如图 3-3 所示。

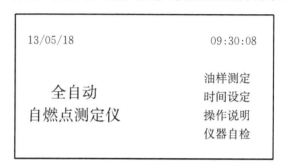

图 3-3　仪器设置主界面

在设置主界面内,上部显示年月日时分秒,按键盘上的"上下"键移动选择设定的功能,选定某一功能时,相应的字体会翻黄显示,选定某一项后可按"确定"键进入相应的设置界面。可进行时间设置与初始温度设置,仪器默认的初始温度是 520℃。

(3) 在设置主界面,选定"油样测定",按"确定"键进入仪器测试主界面(图 3-4)。自燃点测试的主界面画面有 4 栏显示,包括三路炉温监控、工作状态、目标温度和自燃点。在进入此界面时,仪器会自动检测进样器注射器的位置,如果进样器的推手不在最大位置,仪器会自动将它拉到最大位置。仪器测试主界面各状态的具体情况说明如下。

13/05/18				09:58:18
炉温监控		工作状态	目标温度	自燃点
上	030℃	控温中	520℃	测试中
中	030℃			
下	030℃	按"确定"键停止 按"返回"键返回		

图 3-4　仪器测试主界面

① 炉温监控:包含上、中、下三路,分别实时监控着炉腔内的三个不同的部位。

② 工作状态:有三种不同的状态,分别是"控温中""正在测试"和"待机中"。"控温中"表明正按要求进行加热控制;"正在测试"表明仪器正在按程序计划进行自燃点的测定;"待机中"是指仪器在测定过程中遇到人为按"确定"键停止测定或者仪器已经测到自燃点正在等待操作者的下

一步操作。

③ 目标温度:实时跟踪目标温度的变化,在测定自燃点的过程中,根据标准要反复地测几个温度,也就是说目标温度不停地根据标准要求而变化。

④ 自燃点:有两种状态"测试中"和"测到的自燃点温度"。当仪器已经测到自燃点温度时,就会显示实际测到的自燃点温度,没测到时就会显示测试中的状态。

(4) 将抽满 1mL 油样的注射器装入自动进样装置。仪器此时已开始按标准要求自动升温检测,图 3-5 是正在测试的界面。经过标准的升、降温步骤后,仪器自动测到自燃点,打印机打印测试结果,仪器进入待机界面。

13/05/18				10:28:18
炉温监控		工作状态	目标温度	自燃点
上	516℃	正在测试	520℃	测试中
中	518℃			
下	522℃	按"确定"键停止 按"返回"键返回		

图 3-5 正在测试的界面

(5) 按"返回"键返回设置主界面,必须待仪器冷却后再关闭电源。取下进样注射器,记录打印结果,结束实验。

注:仪器标准的升、降温步骤如下。

① 将加热炉升温到预定温度稳定 10min 左右,使三个测点的温度相差在 1℃ 以内。注射器将 $50\mu L$ 试样注入锥形烧瓶底部,开始计时;

② 如果在 5min 内热电偶未检测到火焰,停止计时;

③ 如果在 5min 内热电偶检测到火焰产生,则表明试样在该温度下发生了自燃现象,停止计时;

④ 仪器自动通过吹风管鼓风将烧瓶内被污染的气体彻底吹出;

⑤ 在以下每个试验温度下重复步骤①至步骤④;

⑥ 每次将温度降低 10℃ 进行试验,直至观察不到自燃现象产生为止;

⑦ 每次将温度升高 10℃ 进行试验,直到样品发生自燃现象为止,记录该温度(记为 t_1);

⑧ 将 t_1 降低约 5℃(记为 t_2)进行试验,如果发生自燃现象,则再降低约 2℃(记为 t_3)试验,若自燃,则将 t_3 确定为样品的自燃点,否则将 t_2 确定为自燃点;

⑨ 若在 t_2 下未发生自燃现象,将温度升高约 2℃(记为 t_4),如果在 t_4 下发生自燃现象,则将 t_4 确定为样品的自燃点,否则,将 t_1 确定为自燃点。

五、注意事项

(1) 在做几次试验后请将烧瓶拿出,先用盐酸浸泡 30min,然后用试管刷清洗干净,以免由于瓶中过多油渣影响下一次的测试结果。

（2）在设置目标温度时,预先粗略估计一下自燃点,最好比自燃点稍低一点,这样测试起来比较快。如果目标温度设置得过高有可能油没有滴到瓶底就已经挥发殆尽,这样就会导致测试结果错误。

（3）在放注射器时,要注意针头的位置不要让油滴到管壁或瓶壁上。调整针头滴油位置时,最好是让油滴入锥形瓶中靠近吹风管的地方。

六、思考题

（1）影响抗燃油自燃点温度测定结果的因素是什么?
（2）试验过程中需要注意的事项有哪些?
（3）为什么说具有自燃特性的可燃液体其自燃温度不是其固有的常数?

实验 4　可燃固体自燃点测定实验

一、实验目的

煤的着火温度是煤的特性之一。煤粉表面积大,它能吸附大量空气,在粉粒上形成一层空气膜,粉粒彼此间被空气分开,故煤粉与空气的混合物具有良好的流动性。煤粉在气流携带过程中,可能会在输送管路中沉积下来,由于缓慢氧化而产生的热量增多,温度也逐渐升高,最后引起自燃,在一定条件下还会发生爆炸。在生产、储存和运输过程中可根据测定煤的着火温度来采取预防措施,以避免煤炭自燃,减少环境污染和经济损失。本实验目的如下。
（1）了解固体（煤粉）自燃点测定仪的工作原理和基本构造;
（2）掌握固体（煤粉）自燃点测定仪的使用方法。

二、实验原理

煤粉受热后温度升高,煤中水分被蒸发,此后,表面温度继续上升,当升至某一温度时,挥发分开始逸出,除贫煤外烟煤挥发分逸出的温度为 $210\sim260℃$,所逸出的挥发分与其附近的氧进行反应而着火。挥发分全部逸出后,残留的碳,也就是固定碳,和自表面渗进来的氧进行反应而燃烧。GB/T 18511—2001 规定了煤的原样和氧化样着火温度测定方法。可根据原样和氧化样着火温度的差异来判断煤的自燃倾向,差值越大,越易自燃。煤的燃点随煤化度增加而增高,风化煤的燃点明显下降。

实验中将煤样（原样）或氧化样与亚硝酸钠按一定比例混合,放入着火温度测定装置或自动测定仪中,以一定的速度加热,到一定温度时,煤样突然燃烧。记录测量系统内空气体积突然膨胀或升温速度突然增加时的温度,作为煤的着火温度。

本实验仪器是基于煤燃爆时温度骤然上升现象的自动测定法,能自动准确地捕捉到煤样燃爆瞬间所对应的温度（即自燃点）。它具有下列功能。

（1）自动控制加热温度（5℃/min）和显示控制温度；

（2）自动测取和同时显示六个煤样的温度；

（3）自动绘制六个煤样对控温温度的温升曲线；

（4）自动寻找和打印六个煤样的燃点；

（5）计算机和控制器双向通信，计算机可对控制器进行各项操作，且简便直观，自动化程度高。

三、实验仪器

实验仪器共分下述两大部分。

（1）炉体及控制器

加热炉体的电源为交流 220V，功率为 800W。炉膛内装有直径为 60mm 的铜柱等温体，在该等温体中央安插测量炉温的热电偶，而在周边六等分处又各有直径为 10mm 的孔，放置装入试验煤样的玻璃试管和测煤样的专用热电偶。控制器前面板上可同时显示炉体温度和六个煤样的温度。控制器后面板如图 4-1 所示，包含下面几项。

① 接交流电源 220 伏的两个接线柱，勿将火线、中线接反；

② 接电炉的两个接线柱；

③ 接控温电偶的两头端子；

④ 接测温电偶的端子，红色接电偶的正极，蓝色接电偶的负极；

⑤ 电脑接口；

⑥ 地线端子接化验室地线，勿接电源中线；

⑦ 装有 1A 保险管的保险座。

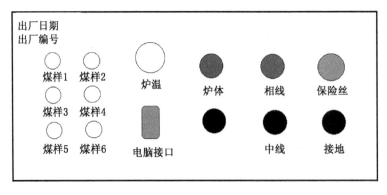

图 4-1　控制器后面板示意图

（2）计算机及打印机

计算机包含有开始窗体、试验资料填写窗体、监控窗体、试验报告和数据库窗体。试验报告可通过打印机打印输出。

四、实验准备

（1）试样准备

① 将煤样制成粒度小于 0.2mm 的一般分析煤样。

② 原样：将煤样置于温度为 55～60℃、压力为 53kPa 的真空干燥箱中干燥 2h，取出放入干燥器中。

③ 氧化样：在称量瓶中放 0.5～1.0g 煤样，用滴管滴入过氧化氢溶液（每克煤约加 0.5mL），用玻璃棒搅匀，盖上盖，在暗处放置 24h；打开盖在日光或白炽灯下照射 2h，然后按②干燥样品。

④ 亚硝酸钠：将亚硝酸钠放在称量瓶中，在 105～110℃的干燥箱中干燥 1h，取出冷却并保存在干燥器中。

（2）程序安装

① 在 E 盘中建立 czrd 文件夹。

② 在区域设置中将日期格式改为 YYYY-MM-DD。

③ 在显示属性中的电源选项属性内关闭监视器，关闭硬盘，系统待机都改为"从不"。屏幕保护程序改为"无"，然后按"应用"和"确定"。

④ 点击光盘中的"setup. exe."选择安装路径为 E:\czrd 文件夹，如有什么文件需替换或无法安装，按"否"或"忽略"即可。

五、实验内容及方法

（1）称取已干燥的原样或氧化样（0.1±0.01）g 放入研钵中，加入经干燥过的亚硝酸钠（0.075±0.01）g，轻轻碾磨 1～2min，使煤样与亚硝酸钠混合均匀。将混匀后的试样小心倒入试样管中，然后放入铜加热体中，插入热电偶。

（2）对控制器和计算机接入电源后，控制器进行自检，自检正常后控制器转入对炉体加温程序（如不正常则显示故障符号 Err1），且显示炉温和六个煤样的温度，在计算机上进入燃点测试程序，显示开始窗体。

（3）点击开始窗体中的"欢迎进入"按键，进入试验资料填写窗体（图 4-2），在该窗体中填入必要的试验资料和数据，如做新一轮试验请先清空数据库，而后点击"监控"按键，转入监控窗体（图 4-3），进入正式的监视和控制工作，此时计算机自动记录试验时间、炉温和六个煤样温度，当炉温升至 200℃以后，自动绘制炉温的升温曲线和各煤样的温差（煤样温度对炉温之差）曲线。煤样在未燃爆时，煤样的温度与炉温相接近，两者温差近乎为零。在煤样燃爆时，煤样温度迅速上升，则两者温差也随之增加，燃爆结束后，煤样温度又回落到炉体温度。两者温差也近乎为零，在监控窗体可以明显观察到上述现象。

（4）待六个煤样燃爆结束后，点击监控窗体上的"计算结果"按键，计算机将自动计算出试验结果，且把相关窗体表格中的结果予以更新。

（5）点击"打印"和"保存"按键，将打印且保存试验报告和试验曲线。

（6）数据库窗体的表格将连续记录测试数据，在必要的时候可以人工增加或删除测试数据（如干扰数据），以求得所有数据的正确、全面。

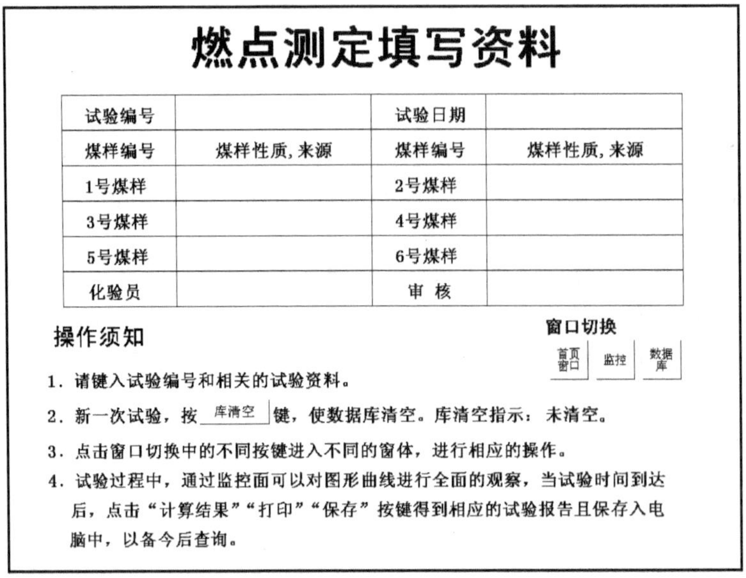

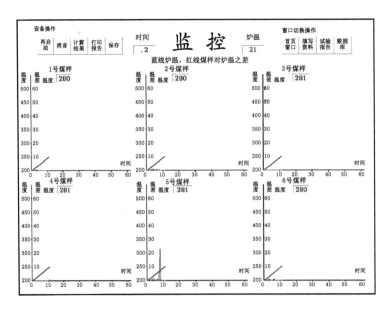

燃点测定填写资料

试验编号		试验日期	
煤样编号	煤样性质,来源	煤样编号	煤样性质,来源
1号煤样		2号煤样	
3号煤样		4号煤样	
5号煤样		6号煤样	
化验员		审 核	

操作须知

窗口切换

首页窗口 | 监控 | 数据库

1. 请键入试验编号和相关的试验资料。

2. 新一次试验,按 库清空 键,使数据库清空。库清空指示:未清空。

3. 点击窗口切换中的不同按键进入不同的窗体,进行相应的操作。

4. 试验过程中,通过监控面可以对图形曲线进行全面的观察,当试验时间到达后,点击"计算结果""打印""保存"按键得到相应的试验报告且保存入电脑中,以备今后查询。

图 4-2 试验资料填写窗体

图 4-3 实验监控窗体

(7) 点击监控窗体中的"开始窗口"按键,回到开始窗体,再点击开始窗体中的"退出运行"按键,则退出燃点测试程序,试验结束。

(8) 如需查询以往的历史数据,请点击开始窗口中"历史查询"按键,将跳出查询对话框,选择要查询的名称,打开即可。

六、实验数据记录与结果处理

将实验数据填入表 4-1 中,并计算平均结果。

表 4-1　煤样自燃点测定数据记录表

项目 煤种	第一次测定/℃	第二次测定/℃	平均值/℃	绝对误差/℃	相对误差
1					
2					
3					

七、思考题

(1) 实验过程中应注意哪些安全事项?

(2) 影响实验测定误差的因素主要有哪些?

(3) 自燃温度与物质的燃点有何关系? 为什么说具有自燃特性的固体可燃物之临界自燃温度不是特性参数?

实验 5　易燃危险液体闪点快速测定实验

一、实验目的

闪点是一项安全性指标,闪点测试在指导我们对危险品的使用、运输和储存等方面有着重大的意义。目前对易燃危险液体闪点的研究以石油化工行业居多,国内外对变压器油、柴油、航空润滑油及有机化合物闪点都进行过大量实验及理论方面的研究,实验主要针对纯物系,采用 ASTM D93、GB/T 3536(克利夫兰法)、GB/T 267(开口杯法)和 GB/T 261(闭口杯法)等标准方法测定。近年来美国西南研究所专为海军舰上使用设计了一种微量快速 MINIFLASH 全自动闪点仪,具有所需样品量少(1~2mL)、测量快速(3~5min)、可测定混合液体样品等特点,已在世界范围内得到认可,并在各行业得到了广泛应用。本实验目的如下。

(1) 了解微量快速 MINIFLASH 全自动闪点仪的测试原理;

(2) 掌握 MINIFLASH 全自动闪点仪的使用和测量可燃混合液体闪点的方法。

二、实验原理

1873 年德国工程师 Berthold Pensky 和 Adolf Martens 教授共同研制开发了 Pensky-Martens 闪点仪(简称"P-M 闪点仪"),设计初衷是模拟真实密闭的工况条件。但是由于受到技术的限制不可能在完全密闭的环境中点火,他们为此设计了快门操作,闪点测试过程中要不断打开快门进行点火,这样大量蒸气外泄破坏了密闭平衡体系,实际测得的温度并非平衡状态样品的温度,无法准确测试高挥发性、混合样品,实验数据准确性差。P-M 闪点仪一般采用空气浴,用来测定闪点在 50℃ 以上的液体,对于低闪点液体测定则无法实现。一百多年来,尽管 P-M 闪点仪大量被使用,其结构和功能也在不断地优化以符合多样性的要求,但还是没有从根本上解决技术问题。

近年来美国西南研究所设计了 MINIFLASH 全自动闪点仪,创立了最新闪点测试标准 ASTM D6450,D7094,等效于 ASTM D93、D56 和 ISO2719 标准,得到美国 D. O. T. and R. C. R. A. 权威机构的认可,被欧盟 REACH 法规和 GHS(化学品分类及标记全球协调制度)推荐使用,并通过中国石化行业标准认证:SH/T 0768—2005。MINIFLASH 闪点仪整个测试过程完全在密闭的测试腔中进行,测量腔内置温度传感器、点火头和压力传感器。温度传感器实时检测样品温度,点火头对样品进行点火,压力传感器检测每一个温度点时点火头点燃样品引起测试腔内压力瞬间增加 Δp。图 5-1 为一样品爆炸性能的测试,图中可以看到当温度到达 127℃,密闭腔内压力突然从 17.5kPa 增加至 53.4kPa,说明此时样品被点燃发生爆炸,对应的温度则为样品的闪点。从图 5-1 上还可以看出此样品发生爆炸的剧烈程度,如若 Δp 的增加值越大,说明样品燃烧产生的爆炸越剧烈,危害程度越大,危险品等级就越高。在国外,MINIFLASH 闪点仪被称为"可燃液体爆炸性能测试装置",它既可测试样品闪点温度,还可以检测样品在密闭环境中被点燃发生爆炸的剧烈程度,对于我们使用、储存、运输危险品有指导意义。

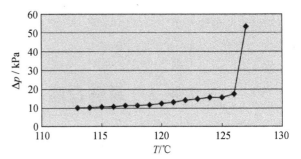

图 5-1　样品爆炸性能测试

三、实验仪器

MINIFLASH 闪点仪采用真实闭口杯测试方法,达到闪点规定的真正工况密闭条件,可测试高挥发性样品。样品量小特别适合贵重样品测试,降低了实验废弃物的排放。测试速度快,3～5min 完成整个测试过程(包括样品测试和样品杯清理)。内置半导体加热制冷系统可精确控制实验温度,无须外接冷浴等附件。采用分体式构造,适合高黏度、高挥发、混合样品的测试。一键式操作对实验员无特殊要求,大大减轻了实验员的压力。安全无明火,仪器灼热部分不与外界接触,保证实验员使用安全。样品杯易清洗,实验精度高,重复性、再现性优于传统仪器。图 5-2 为 MINIFLASH 闪点仪主要部件与结构示意图。

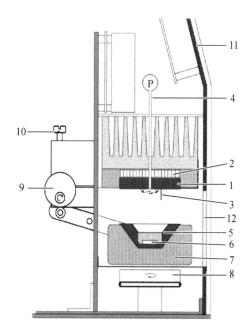

图 5-2　MINIFLASH 闪点仪主要部件与结构示意图

1—烘箱金属板；2—帕尔贴元件；3—样品温度传感器；4—压力连接管；5—样品杯；
6—磁力搅拌；7—样品架；8—转动式磁铁；9—样品电梯凸轮装置；10—样品电梯调节螺丝；
11—前面板；12—样品杯开口

本仪器采用图形化显示和对话式程序,仪器操作非常简单易懂。显示器上经常会显示仪器可能需要执行的操作,操作人员只需选择所需的功能即可。图 5-3 为 MINIFLASH 闪点仪的前面板及功能键说明。

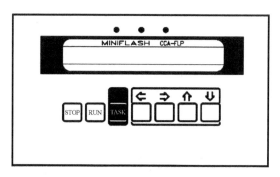

键	功能
停止	在任何时间停止运行某一样品测试
运行	开始执行某一测试
任务	执行选定的操作,以*表示
⇐ 和 ⇒	改变光标的位置
⇑ 和 ⇓	候改数字或字母

图 5-3　MINIFLASH 闪点仪的前面板与功能键说明

光标(一个闪动的符号)可以通过"⇐"键和"⇒"键进行移动。每个可能的操作前都有 * 标注。当光标位于 * 位置时,点击"任务(TASK)"按钮就会执行 * 所对应的操作。如需修改数值、数字或者字母,将光标移动至目标位,点击"⇑""⇓"键对数字或字母进行修改。如需退出菜单,将光标移动至左上方的"←"处,点击"任务(TASK)"按钮,仪器就会返回至上一级菜单。如果没有"←",操作者可以点击"停止(STOP)"按钮退出菜单。

四、实验内容及方法

(1) 准备工作:待测样品(本实验测定三种浓度的乙醇溶液闪点),样品杯,移液枪(1~2mL),棉花球,镊子,无水乙醇。

(2) 接通仪器电源,仪器的显示器启动,并显示主菜单。

```
****************************************
CCA-FLP    Vers. x.xx    xx/xx/xxxx xx:xx
*Measure            *Printer          *Setup
****************************************
```

(3) 将光标移动至主菜单中的 * 测试(* measure),点击"任务(TASK)"按钮。随后显示器显示为

```
****************************************
←  *↕_  S No:1 *ANISOL      Ti= 30 Tf= 60 C
↕ D7094                      Toven= xx.x C
****************************************
```

* ↕ 边上的小横条表示样品杯电梯的位置。升降臂向上移动,产生很大的力将样品杯压在烘箱金属板上。

(4) 测试非纯物质的闪点,有可能需要进行搅拌。如果操作者测试的是纯物质,搅拌并不会对测试结果造成任何影响。仪器配备有一内置的磁力搅拌器。如果在测试过程中需要搅拌,将磁力搅拌插入样品杯内,将光标移动至 S,点击"任务(TASK)"按钮即可开启转动式磁铁。显示器显示为

```
****************************************
←  *↕_  □ No:1 *ANISOL      Ti= 30 Tf= 60 C
↕ D7094                      Toven= xx.x C
****************************************
```

(5) 测试程序选择:在测试(measuring)菜单中,操作者可以对 8 个不同的程序进行编程设计;同时也可以为每个程序设定不同的参数设置,如初始温度、结束温度及测试方法。如需选择程序,将光标移动至代表当前程序的数字处,通过"⇑"键和"⇓"键选择所需的测试程序。

(6) 初始温度(T_i)的设定:初始温度的设定值应至少低于闪点的预估值18℃。如果操作者不知道闪点的预估值,首先将初始温度设定得稍低一点。如果初始温度设定过低,则闪点测定的时间很长,这是没有必要的。如果对样品的闪点温度完全没有了解,则需要进行多次测试才能测定闪点的准确值。

(7) 最终温度(T_f)的设定:将最终温度设定在大于闪点温度预估值之上。如果没有检测到闪点,最终温度的设定只是限制测试时间而已。如果最终温度的设定值过低,则有可能检测不到

闪点。如果最终温度的设定值过高,而又没有检测到闪点,则测定的时间会很长。同时由于样品蒸发、冷凝及焦化,样品室和烘箱会受到很大程度的污染。

(8) 测试方法选择:在测试(measuring)菜单中可选择五种不同的测试方法:将光标移动至第二行,利用↕标记通过"⇑"键和"⇓"键选择测试方法。

```
***************************************************
← *↕_ S No:1 *ANISOL    T1= 30 Tf= 60 C
↕ D7094                 Toven= xx.x C
***************************************************
```

(9) 点击测试(measuring)菜单中的"运行(RUN)"按钮即可开始运行测试程序。首先仪器会调整至初始温度,显示器上会显示"调节烘箱温度至初始温度(T_i)"的信息。如果烘箱达到初始温度,显示器上就会出现"添加样品,点击运行(RUN)按钮"的信息。用移液枪准确移取规定的样品量,加入样品杯,将样品杯置于测试仪的样品杯电梯上。再次点击"运行(RUN)"按钮,开始样品测试。三个强电弧开始自动清洗电极,同时样品杯电梯将样品杯置于烘箱金属板上。

(10) 仪器根据程序设定的加热速度对烘箱进行加热。当样品达到开始温度时,开始闪点测试的首次点火,并跟踪观测压力的增加。如果低于阈值,则继续进行样品测试。测试程序一直进行,直到电弧点火后压力的增加超过程序设定的阈值为止。测试结果在屏幕显示。

(11) 闪点测定后或达到最终温度后,停止测试,仪器自动快速将烘箱冷却至初始温度。烘箱温度在5℃到40℃之间或在初始温度时,样品杯会自动下降。维持烘箱温度处于初始温度的水平,持续10min。如果在这10min之内没有开始样品测试,关闭烘箱温度调节,使其保持室温。关闭仪器电源,结束测试。

五、实验数据记录与结果处理

将实验数据填入表5-1中,并计算平均结果。

表5-1　微量快速全自动闪点测定仪数据记录表

试样						
试验次数	1	2	1	2	1	2
闪点温度/℃						
平均值/℃						

六、思考题

(1) MINIFLASH全自动闪点仪与P-M闪点仪在性能上有何异同?

(2) 闪点测试在指导我们对危险品的使用、运输和储存等方面的意义有哪些?

(3) 整个试验过程中需要注意的事项有哪些?

实验 6　低闪点可燃液体测定实验

一、实验目的

闪点又叫闪燃点,是指可燃性液体表面上产生的蒸气与空气的混合物在试验火焰作用下发生闪燃时的最低温度,各种可燃液体的闪点可以通过标准仪器测定。闪点是可燃性液体储存、运输和使用的一个安全指标,同时也是可燃性液体的挥发性指标。可燃液体的闪点表明了某种可燃液体发生爆炸或火灾的可能性大小。闪点越低的可燃性液体,挥发性越高,爆炸温度下限就越低,混合气体的爆炸下限也相应降低,这样,在较低的温度下,混合物就易达到甚至超过爆炸下限,因此危险性增加,容易着火,安全性较差。在储存、使用可燃液体过程中,加热的最高温度一般应低于其闪点 20~30℃,严禁将其加热到闪点。

闪点是可燃液体生产、储存场所火灾危险性分类的重要依据,是甲、乙、丙类危险液体分类的依据。可燃液体生产、储存厂房和库房的耐火等级、层数、占地面积、安全疏散、防火间距、防爆设施等的确定和选择要根据闪点来确定;液体燃料储罐的布置、防火间距,可燃和易燃气体储罐的布置、防火间距,液化石油气储罐的布置、防火间距等也要以闪点为依据。此外闪点还是选择灭火剂和确定灭火强度的依据。根据消防工程设计及应用,根据闪点的不同将可燃液体分为了以下三大种类。

(1) 甲类液体:闪点小于 28℃的液体(如原油、汽油等);

(2) 乙类液体:闪点大于或等于 28℃但小于 60℃的液体(如喷气燃料、灯用煤油);

(3) 丙类液体:闪点大于 60℃的液体(如重油、柴油、润滑油等)。

对于闪点不低于 93℃的液体,或在试验条件下有形成表面膜倾向及含有悬浮固体的液体闭口闪点的测定可采用 GB/T 261 方法。而对于低闪点液体(甲类液体与乙类液体)采用符合 ASTM D56 与 GB/T 21929—2008 标准的自动泰格闭口闪点仪测定更加适合。本实验目的如下。

(1) 了解泰格闭口闪点测定仪的组成与测定原理;

(2) 掌握泰格闭口闪点测定仪的使用方法。

二、实验原理与仪器

实验所用全自动低温泰格闭口闪点测定仪符合国际标准测试程序 ASTM D56 标准,适用于用泰格手动和自动闭口试验器测定 40℃时运动黏度小于 5.5mm^2/s,或在 25℃时运动黏度小于 9.5mm^2/s,且闪点低于 93℃的液体的闪点。所选 TAG 4TM 是一台闭口闪点测定仪(图 6-1),其主要组成为不锈钢机箱、内置帕尔贴制冷器、冷浴和冷却水接口、触摸式键盘、液晶显示屏、测试杯和杯盖、杯钳、多功能检测头、样品温度探头和火焰检测器、电点火器、气体火焰和外部火焰探头、杯盖开合检测器。

图 6-1　TAG 4TM 闭口闪点测定仪

TAG 4TM 闭口闪点测定仪自动化程度高,使用专利技术的测试头,旋转测试头后,温度探头和闪点检测探头等所有电子连接件自动到位;仪器自动完成整个测试并记录下测试过程和测试结果;触摸式键盘和大屏幕液晶显示;程序调用方便。多种配置选项,只需少量样品即可进行闪点测试,并能获得与标准测试一样的测试结果和良好的重复性。选用外接冷浴,可以将测试温度降低到−30℃;使用校正组件,可对温度探头进行校验和偏差修正。仪器配置电子点火和气体点火两种系统,可自动监测点火头的工作状态,自动电子点火引燃气体点火头,直接连接打印机自动打印测试结果。多种安全监测系统,具有测试杯盖外着火监测功能,内置四单元安全保护。电子点火器发生故障或老化自动报警提示;气体点火器熄火自动引燃。该仪器体积较小,重8kg,适用任何场合,如实验室、现场测试等;特别适合闭口闪点等于或低于61℃的易燃液体的测定,试验结果可作为评价着火危险性的要素。该仪器的主要技术指标如下。

(1) 测试范围:0～+110℃(直接风冷),−30～+110℃(外接冷浴);
(2) 闪点检测系统:热电偶闪点检测器;
(3) 点火器:气体点火器、电子点火器;
(4) 程序:ASTM/IP 测试程序,闪点搜寻程序,快速加热程序,操作者自定义程序;
(5) 接口:RS-232 用于打印机,串口 COM 用于连接电脑;
(6) 时钟:内置;
(7) 气压计:内置自动大气压力校正;
(8) 温度探头检验程序:使用校正组件,可对温度探头进行校验和偏差修正;
(9) 安全系统:内置四单元安全保护。

三、实验内容及方法

(1) 打开电源,等待进入仪器主界面。如果需要,调整外置冷却系统,冷却加热区域。将温度冷却到预计闪点 10℃以下。

(2) 用带刻度的量筒小心地将 50mL±0.5mL 的试样倒入试验杯中,避免润湿液面以上的杯壁。加样品到杯内刻度线,若样品易膨胀,添加样品量可以适当减少。如果需要,把试样和量筒进行预冷,以保证试样测量时的温度在 27℃±5℃或比预计闪点低 10℃或更低。用刀尖或者合适的物件消除试样表面的空气泡。用干净的布或有吸收能力的薄纸擦干盖子的内部。

(3) 迅速盖上实验杯盖,安装上温度传感器和点火头,放入加热位置,左旋多功能测试头入位,确认多功能头位置正确,确认滑杆抓勾处位置正确。

(4) 如果使用气体点火,请调节气流控制阀,调整试验火焰的直径尺寸为 3～4mm,也可选择电子点火装置。

(5) 点击"ENTER"键,有光标闪烁,设定预期闪点,点击方向箭头,移动光标,设定样品名称,选择测试样品的合适方法。设置结束后,点击"ENTER"键,进行确认。

(6) 参数设置完成后,点击"RUN"键,开始测试。仪器将按选定程序所规定的步骤自动控制试验。当检测到试样闪点时,仪器将记录其温度并自动终止试验。

注:按照 D56 标准,当已知试样的闪点在 60℃以下,调节试样的加热速度为 1℃/(min±6s)。当试验杯中试样温度低于预计的闪点 5℃时,按标准方式引入试验火焰,并在温度每上升 0.5℃重复引入试验火焰。当已知试样的闪点是 60℃或 60℃以上,调节试样加热速度至 3℃/(min±

6s)。当试验杯中试样温度低于预计闪点5℃时,按标准方式引入试验火焰,并在温度每上升1℃重复引入试验火焰。

(7) 测试结束,屏幕显示大气压修正后的测试结果。待实验杯冷却,选用合适的溶剂清洗干净,用氮气吹干,待下次使用。

四、实验数据记录与结果处理

将实验数据填入表6-1中。

表6-1　泰格闭口闪点测定仪数据记录表

试样						
试验次数	1	2	1	2	1	2
闪点温度/℃						

下列准则可用来判断结果的可靠性水平(95%置信水平)。

重复性:同一操作者,在同一实验室使用同一仪器,按标准规定的步骤,对同一样品进行重复测定结果之差不超出下列数值。

闪点	重复性
60℃以下	1.2℃
60℃以上(含60℃)	1.6℃

再现性:不同操作者,在不同实验室,按标准规定的步骤对同一样品进行测定的两个独立试验结果之差不超出下列数值。

闪点	再现性
60℃以下	4.3℃
60℃以上(含60℃)	5.8℃

五、思考题

(1) 比较几种可燃液体闪点测定方法的原理、特点与适用范围。

(2) 分析影响泰格闭口闪点测定仪测量准确性的因素。

实验7　可燃固体燃烧热测定实验

一、实验目的

(1) 明确燃烧热的定义,了解恒压燃烧热与恒容燃烧热的差别,分析燃烧热及生成气体(产物)与爆炸的关系；

（2）了解氧弹热量计的实验技术原理与热量计主要部件的作用；

（3）掌握使用氧弹热量计测定给定样品燃烧热的方法，学会运用雷诺图解法校正温度改变值。

二、实验原理

根据热化学的定义，物质完全氧化时的反应热称作燃烧热。所谓完全氧化，对燃烧产物有明确的规定。例如，有机化合物中的碳氧化成一氧化碳不能认为是完全氧化，只有氧化成二氧化碳才可认为是完全氧化。燃烧热的测定，除了有其实际应用价值外，还可以用于求解化合物的生成热、键能等，许多物质的燃烧热和反应热已被测定。

量热法是热力学实验的一个基本方法，是安全工程中热安全的一种重要实验手段。测定燃烧热可以在恒容条件下，亦可以在恒压条件下进行。本实验燃烧热是在恒容情况下测定的。在恒容或恒压条件下可以分别测得恒容燃烧热 Q_V 和恒压燃烧热 Q_p。由热力学第一定律可知，Q_V 等于体系内能变化 ΔU；Q_p 等于其焓变 ΔH。若把参加反应的气体和反应生成的气体都作为理想气体处理，则它们之间存在以下关系：

$$\Delta H = \Delta U + \Delta(pV) \tag{7-1}$$

$$Q_p = Q_V + \Delta nRT \tag{7-2}$$

式中　Δn——反应前后生成物和反应物中气体的物质的量之差，mol；

　　　R——摩尔气体常数，8.314J·mol^{-1}·K^{-1}；

　　　T——反应的热力学温度，K。

测量燃烧热的原理是能量守恒定律，样品完全燃烧放出的能量使热量计本身及其周围介质（本实验用水）和热量计有关附件的温度升高，测量介质燃烧前后温度的变化，就可以求算该样品的恒容燃烧热。

三、实验仪器与药品

XRY-1A 型数显氧弹热量计，氧气钢瓶，压片机，托盘天平，分析天平，镍铬丝，给定样品，苯甲酸。

四、仪器结构及使用方法

氧弹热量计结构图见图 7-1，氧弹装配图见图 7-2。为了保证样品完全燃烧，氧弹中必须充入高压氧气或其他氧化剂。因此氧弹应有很好的密封性能，耐高压且耐腐蚀。氧弹放在一个与室温一致的恒温套壳中，以减少热辐射和空气的对流。仪器使用介绍如下。

（1）开机后，只要不按"点火"键，仪器逐次自动显示 100 个温度数据，测温次数从 00→99 递增，每半分钟一次，并伴有蜂鸣器的鸣响，此时若按"结束"键或"复位"键能使显示测温次数归零。

（2）按"点火"键后，氧弹内镍铬点火丝得到约24V交流电压，从而烧断点火丝，点燃坩埚（即祖包夫皿）中的样品，同时测量次数归零。以后每隔半分钟测温一次并储存测温数据，当测温次数达到31次时，测温次数就自动归零。

（3）当样品燃烧时，内筒水开始升温，温度达到最高点后开始下降，当有明显降温趋势后，可按"结束"键，然后按"数据"键，可将一直到按"结束"键时的测温次数及对应的测量温度数据重新逐一在五位数码管上显示出来，操作人员可以进行记录和计算，或与实时笔录的温度数据（注：电脑储存的数据是蜂鸣器鸣响的那一秒的温度值）核对后计算 ΔT 和热值。

注：在读取数据状态，"点火"键不起作用，若需重新测量，必须先按"结束"键，使仪器回到测温状态。

（4）按"复位"键后，可重新试验。

（5）关掉电源，原储存的温度数据也将自动被清除。

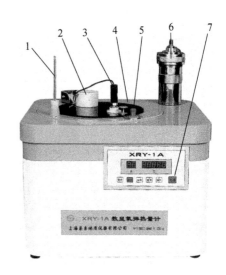

图 7-1　氧弹热量计结构图

1—玻璃温度计；2—搅拌电机；3—温度传感器；
4—翻盖手柄；5—手动搅拌柄；6—氧弹体；
7—控制面板

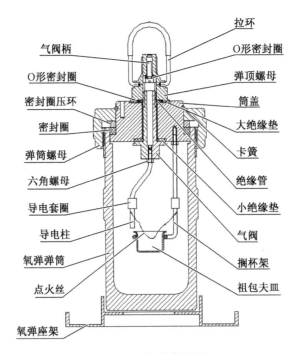

图 7-2　氧弹装配图

五、实验内容及方法

（1）先将外筒装满水，试验前用外筒搅拌器（手拉式）将外筒水温搅拌均匀，记录室温（外筒水温）。

（2）取片剂苯甲酸 1g（约 2 片），用分析天平准确称量后放入坩埚中。

（3）把盛有苯甲酸的坩埚固定在坩埚架上，将一根点火丝（已称重）的两端固定在两个电极柱上，使其与苯甲酸有良好的接触，然后在氧弹中加入 10mL 蒸馏水，拧紧氧弹盖，并用进气管缓慢地充入氧气直至弹内压力为 2.8～3.0MPa，氧弹不能漏气。

（4）向内筒中加入约 3 000g（准确至 0.5g）自来水（温度已调至比外筒低 0.5～1.0℃左右），把上述氧弹放入内筒中的氧弹座架上，水面应至氧弹进气阀螺帽高度的约三分之二处，每次用水量应相同。

（5）接上点火导线，并连接好控制箱上的所有电路导线，盖上胶木盖，将测温传感器插入内筒，打开"电源"和"搅拌"开关，仪器开始显示内筒水温，每隔半分钟蜂鸣器报时一次。

（6）当内筒水温均匀上升后，每次报时时，记下显示的温度。当记录 7～8 个数据时，同时按"点火"键，测量次数自动复零。以后每隔半分钟储存测温数据，当测温次数达到 31 次后，按"结束"键表示试验结束（若温度达到最大值后记录的温度值不满 10 个，需要人工记录补足 10 个）。

（7）停止搅拌，拿出传感器，打开水筒盖（注意：先拿出传感器，再打开水筒盖），取出内筒和氧弹，用放气阀放掉氧弹内的氧气，打开氧弹，观察氧弹内部，若试样燃烧完全，试验有效，取出未烧完的点火丝称重。若有试样燃烧不完全，如发现在坩埚或氧弹内有积炭，则此次试验作废。

（8）用蒸馏水洗涤氧弹内部及坩埚并擦拭干净，洗液收集至烧杯中的体积约 150～200mL。

（9）将盛有洗液的烧杯用表面器皿盖上，加热至沸腾 5min，加 2 滴酚酞指示剂，用 0.1mol/L 的氢氧化钠标准溶液滴定，记录消耗的氢氧化钠溶液的体积。

（10）计算热量计的热容量 E。在测定给定样品的燃烧热之前，必须用苯甲酸测出 E 值，然后才能测其他物质的燃烧热。

$$E = \frac{Q_1 M_1 + Q_2 M_2 + V Q_3}{\Delta T} \tag{7-3}$$

式中　E——热量计热容量，J/℃；

　　　Q_1——苯甲酸标准热值，26 463J/g；

　　　M_1——苯甲酸质量，g；

　　　Q_2——点火丝热值，J/g；

　　　M_2——点火丝质量，g；

　　　V——消耗的氢氧化钠溶液的体积，mL；

　　　Q_3——硝酸生成热滴定校正（0.1mol/L 的氢氧化钠标准溶液每毫升碱液相当于 5.98J 的热值），J/mL；

　　　ΔT——修正后的量热体系温升，℃。

（11）测量给定样品的燃烧热。准确称取 1.0～1.5g 给定样品代替苯甲酸，重复上述实验。

（12）计算给定样品的燃烧热值 Q（J/g）：

$$Q = \frac{E \cdot \Delta T - \sum gd}{G} \tag{7-4}$$

式中 $\sum gd$ ——添加物产生的总热量,J;

G ——试样质量,g;

其他符号同式(7-3)。

六、实验校正

系统除样品燃烧放出热量引起系统温度升高以外,热量计与周围环境的热交换无法完全避免,其他因素如点火丝的燃烧、周围环境与实验仪器之间的热泄漏等均会引起热量的变化,因此在计算热量计的热容量 E 及给定样品的燃烧热值 Q 时,必须对由热交换而引起的温差测量值的影响进行校正,常用雷诺图解法进行温差校正。其方法如下。

称适量待测物质,估计其燃烧后可使水温升高 1.5～2.0℃,预先调节水温低于室温 0.5～1.0℃。然后将燃烧前后历次观察的水温对时间作图,连成 $FHIDG$ 折线[图 7-3(a)],图中 H 相当于物质开始燃烧时的温度读数点,D 为观察到的最高温度读数点,过室温读数点 J 作一平行线 JI 交于 I,过 I 点作垂线 ab,然后将 FH 线和 GD 线外延交于 A、C 两点,A 点与 C 点所表示的温度差即为经过校正的温度的升高 ΔT。图中 AA' 为开始燃烧到温度上升至室温这一段时间 Δt_1 内,由环境辐射和搅拌引进的能量而造成热量计温度的升高,必须扣除掉。CC' 为温度由室温升高到最高点 D 这一段时间 Δt_2 内,热量计向环境放出能量而造成的温度降低,因此需要添加上。由此可见,AC 两点的温差较客观地表示了由于样品燃烧促使温度升高的数值。有时热量计的绝热情况良好,热泄漏小,而搅拌器功率大,不断引进能量使得燃烧后的最高点不出现,这种情况下 ΔT 仍然可以按照同法校正[图 7-3(b)]。

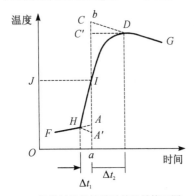

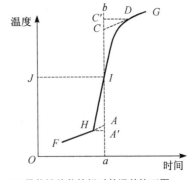

(a) 量热计绝热较差时的温差校正图　　　(b) 量热计绝热较好时的温差校正图

图 7-3　雷诺图解法温差校正图

七、注意事项

(1) 待测样品需干燥,受潮样品不易燃烧且称量有误。

（2）注意压片的紧实程度,太紧不易燃烧,太松容易裂碎。

（3）点火丝应紧贴样品,点火后样品才能充分燃烧。

（4）点火后,温度急速上升,说明点火成功。若温度不变或有微小变化,说明点火没有成功或样品没充分燃烧,应检查原因并排除。

八、实验数据记录与结果处理

（1）热量计的热容量 E 测定数据(表 7-1)

表 7-1　热量计的热容量 E 测定数据表

点火丝长度:＿＿＿＿＿＿,残丝长度:＿＿＿＿＿＿,苯甲酸质量:＿＿＿＿＿＿,外筒水温:＿＿＿＿＿＿

时间/min	点火前温度读数/℃	时间/min	燃烧期温度读数/℃	时间/min	后期温度读数/℃
0		4.5			
0.5					
1					
1.5					
2					
2.5					
3					
3.5					
4					
		…			

（2）给定样品数据记录

记录表格同表 7-1。

（3）数据处理

① 用雷诺图解法求出苯甲酸燃烧引起的量热计温度变化的差值 ΔT,并根据式(7-3)计算热量计热容量 E 值。

② 用雷诺图解法求出样品燃烧引起的量热计温度变化的差值 ΔT,并根据式(7-4)计算样品的恒容燃烧热 Q。

九、思考题

（1）在本实验装置中哪些是系统? 哪些是环境? 系统和环境通过哪些途径进行热交换? 这些热交换对结果有些什么影响? 能否定量准确地测量出所交换的热量? 温差雷诺校正的意义是什么?

（2）使用氧气要注意哪些问题?

（3）恒压燃烧热与恒容燃烧热有何区别?

（4）搅拌过快或过慢对结果有何影响?

第二篇

工作场所粉尘测定与危害实验

实验 8　工作场所浮游粉尘采集与测定实验

一、实验目的

生产性粉尘是指能较长时间悬浮在生产环境空气中的固体微粒。劳动者长期反复接触一定量的生产性粉尘可导致肺纤维化,对人体健康产生危害。工作场所/生产环境空气中粉尘的测定是生产环境监测的重要组成部分,通过定期的粉尘监测能及时了解生产场所的粉尘危害程度和工人实际接触的粉尘量,开展粉尘作业危害程度分级,对照工作场所空气中粉尘浓度接触限值进行职业卫生监督。保存完好的长期测尘资料,能用来研究粉尘浓度与尘肺发病之间的规律,对指导尘肺防治有重要意义。准确的作业现场粉尘监测可对防尘措施效果进行检验,也是评价粉尘控制的最有效手段。

粉尘浓度测定的标准方法是重量法,属于基本方法。如果使用仪器或其他方法测定粉尘质量浓度,则必须以标准重量法为基准,这样可以保证测定结果的可比性。重量法测定结果能更好地反映现场粉尘浓度的真实情况,所需仪器装置比较简单,但操作复杂、速度慢。在作业现场使用的操作简便、灵活、快速的方法是仪器测定法,主要仪器有压电晶体差频法测尘仪、β射线吸收法测尘仪及光散射测定仪。

本实验采用重量法测定工作场所浮游粉尘的浓度,使学生了解与掌握矿用粉尘采样器的仪器原理、粉尘采样的测定过程、采样点的布置、滤膜样的称重、粉尘浓度的计算,进一步对矿山等工作场所各个环境的粉尘状况做出科学的评价,包括粉尘组成与相应的浓度等。

二、实验仪器与工作原理

1. 实验仪器

实验所用 AKFC-92A 型矿用粉尘采样器依据 GB/T 20964—2007 标准设计制造,是一种用于测定环境空气中浮游粉尘浓度的常规仪器,适用于工矿企业、劳动安全、劳动卫生及环境保护等部门的粉尘监测。该粉尘采样器由高性能吸气泵、自动时间控制电路、流量调节电路、自动反馈恒流电路、欠压保护报警电路、安全电源等组成。配有两种粉尘预捕集器,一种是用于测定总粉尘浓度的全尘预捕集器;另一种是用于测定呼吸性粉尘浓度的冲击式预捕集器,这种预捕集器能对危害人体的呼吸性粉尘和非呼吸性粉尘进行分离,一次采集可兼得呼吸性和非呼吸性两种粉尘样本,其分离效率达到国际公认的"BMRC"曲线标准,是一种较为可靠实用的粉尘前级分离装置。仪器采用 ExibI(150℃)等级本质安全型防爆结构,特别适用于煤矿井下及其他含有爆炸危险性气体的作业场所使用。

2. 工作原理

AKFC-92A 型矿用粉尘采样器工作原理如图 8-1 所示。该粉尘采样器是根据粉尘浓度称重法的检测原理设计的。采样之前,必须将经过称量的干净滤膜装入预捕集器,通过仪器内抽气泵的吸气,使空气中的浮游粉尘阻留在预捕集器的滤膜上。采样结束后,将滤膜取出烘干后放在天平上称量。前后称重相减可以取得滤膜增量及所捕集到的粉尘质量。同时在采样过程中,取流量和采样的时间两者相乘即可确定采样时通过预捕集器的空气体积,从而按规定的公式计算出被采集空气中所含粉尘的浓度。

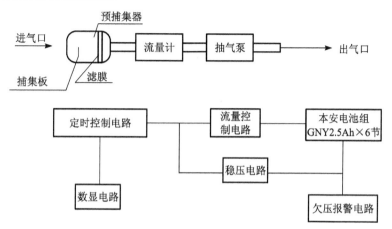

图 8-1　AKFC-92A 型矿用粉尘采样器工作原理

3. 仪器的使用

采样器在操作检测之前,应先对仪器进行熟悉了解,根据 AKFC-92A 型矿用粉尘采样器外形图(图 8-2)对有关主要部件分别介绍如下。

(1)采样头连接座:采样时连接预捕集器,使之与采样器紧密连接,不漏气、不松动。连接口应保持洁净,严防被污染或异物吸入。

(2)流量计:直接显示出采样器的视值流量,观察流量计浮子顶部平面的位置就能读出采样流量值。

(3)采样时间显示窗:显示"00～99"min 内预置的采样时间。采样开始后作减"1"计数,当计时器为零时,停止工作。显示时间单位为 min,个位的小数点开始闪烁时则表示计时器开始减"1"运算。

(4)自动开关:当打开自动开关时,采样器可预置时间自动采样。到时显示"00"自动停止采样。

(5)手动开关:当打开手动开关时,仪器即开始工作,此时由人工控制采样时间(当自动、手动均打开时,手动优先,仪器按手动方式工作)。

(6)流量调节钮:在采样器工作过程中,如需要调节设定流量,可用此钮调节。

(7)充电插座:采样器使用后,或在工作过程中听到蜂鸣欠压报警声,必须在地面上进行充电。充电时只要将充电插头插入仪器充电座内,此时充电指示灯亮则表示开始充电,正常充电时间为 14～16h。

(8)工作按钮。

(9)(10)置数按钮:按动此两钮可在"00～99"min 内任意设置时间。

(11)复位按钮:当采样时发现有误或需要重新置数时,可按此钮,即可复位重新置数。

(12)三脚支架固定螺母:该螺母座用于采样器在现场工作时与三脚支架固定之用。

(13)出气口:供泵体排气之用。

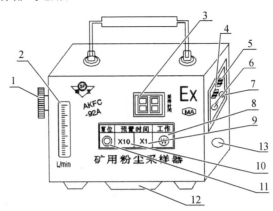

图 8-2　AKFC-92A 型矿用粉尘采样器外形图

1—采样头连接座;2—流量计;3—采样时间显示窗;4—自动开关;5—手动开关;
6—流量调节钮;7—充电插座;8—工作按钮;9—置"1"按钮;10—置"10"按钮;
11—复位按钮;12—三脚支架固定螺母;13—出气口

三、实验内容及方法

～～～～～～～　1. 测尘点的选择原则　～～～～～～～

为了能客观现实地评价作业场所空气中粉尘含量对人体的危害程度，无论采用哪种测定方法，测定粉尘浓度时，一般要求如下。

（1）测尘点应设在有代表性的工人接尘地点；

（2）测尘位置应选择在接尘人员经常活动的范围内，且粉尘分布较均匀的呼吸带处。当风流影响时，一般应选择在作业地点的下风侧或回风侧。对于薄煤层及其他特殊条件，呼吸带的高度按实际情况而定。

（3）移动式产尘点的采样位置，应位于生产活动中有代表性的地点，或将采样器架设于移动设备上。

～～～～～～～　2. 全尘测定方法(总粉尘)　～～～～～～～

全尘测定方法的原理是抽取一定体积的含尘空气，通过全尘式预捕集器时，使粉尘阻留在滤膜上逐步积累。测尘滤膜采用过氯乙烯纤维滤膜。将滤膜置于滤料采样夹上，在呼吸带高度（一般在受粉尘危害人员站立处的 1.5m 高处），用滤膜以 15～30L/min 的流速采集空气中的粉尘。当粉尘浓度低于 50mg/m³ 时，用直径为 40mm 的滤膜；粉尘浓度高于 50mg/m³ 时，用直径为 75mm 的滤膜。当过氯乙烯纤维滤膜不适用时，改用玻璃纤维滤膜。在采样结束后，由滤膜的增量可计算出单位体积含尘空气中所含粉尘的总质量。所需器材包括：全尘式预捕集器和配有∅75mm 或∅40mm 的过氯乙烯纤维滤膜等。具体测定程序如下。

（1）首先用镊子取出干净的滤膜，除去两面的衬纸，放在天平上称重并记录，压入滤膜夹，然后放入贴好标签的样品盒内备用。当使用∅75 滤膜时应做成漏斗状安装在全尘预捕集器内，并使滤膜绒面朝向进气口方向。

（2）现场采样首先要选好采样地点，需要固定采样的应打开专用三脚支架，使粉尘采样器水平稳固地固定在三脚支架平台上。

（3）将安装好滤膜的预捕集器紧固在采样头连接座上，并使预捕集器的进气口置于含尘空气的气流中。

（4）采样时间根据现场粉尘种类、浓度及作业情况来预置。一般采样时间以 20～25min 为宜，但一般不得少于 10min。当粉尘浓度高于 10mg/m³ 时，采气量不得小于 0.2m³；粉尘浓度低于 2mg/m³ 时，采气量为 0.5～1m³。粉尘浓度较高的场所一般预置 2～5min 即可。

滤膜上的粉尘采集量过小时可能在称量时产生偏差，过大时滤膜孔被堵塞过多，阻力增大，尘粒容易脱落，采样误差大，滤膜的机械强度也难以承受。直径为 40mm 滤膜上的粉尘的采集量，不应少于 1mg，但不得多于 10mg，而直径为 75mm 的滤膜，应做成锥形漏斗进行采样，其粉尘采集量不受此限制。

（5）采样结束后，将滤膜夹取出轻放在相应的样品盒内。需放在干燥器干燥后称量，并记录测定结果。

～～～～～～～～ 3. 呼吸性粉尘测定方法 ～～～～～～～～

呼吸性粉尘测定方法的原理是抽取一定体积的含尘空气,通过惯性冲击方式的分离装置,将较粗大的粉尘颗粒撞击在涂抹硅油的玻璃捕集板上,而通过捕集板周围空腔的微细尘粒,则被阻留在滤膜上。采样以后,分别由玻璃捕集板及滤膜的增量,即可计算单位体积含尘空气中的呼吸性粉尘、非呼吸性粉尘及总粉尘的质量。所需用器材包括:①冲击式预捕集器,当采样流量为20L/min 时,该预捕集器的分离特性符合"BMRC"曲线标准,其前级捕集效率分别为:尘粒直径7.07μm 以上的为100%,5μm 的为50%,2.2μm 的为10%;②玻璃捕集板:∅25mm 的无色石英晶片;③滤膜:∅40mm 的过氯乙烯纤维滤膜;④硅油:六万黏度的甲基硅油;⑤不锈钢小刮刀等。

具体测定程序如下。

(1) 玻璃捕集板先用中性洗涤液浸泡,除去表面污渍,经清水漂洗后,再用脱脂棉球及无水酒精擦净。

(2) 用洁净的小刮刀蘸取少量硅油,涂抹在捕集器圆心位置。再向侧边将硅油刮薄展开,使硅油涂成 ∅15mm 的圆形。由于硅油黏度较高,数小时后才会出现均匀扩散现象。所以捕集板涂硅油的工作,应在采样前提前进行,并保证其不受污染。实验表明,捕集板上涂抹硅油控制在0.5～5mg 内,粉尘捕集效果不受影响。

(3) 将已涂好硅油的捕集板,放在天平上称重并做好记录备用,放入贴好标签的样品盒内。工作时,将玻璃捕集板从样品盒内取出,安装在预捕集器分离装置前部的捕集板座上,用金属卡环压紧,再旋上预捕集器的进气盖。

(4) 将洁净的 ∅40mm 滤膜,除去两面的衬纸放在天平上称量并做好记录,压入滤膜夹,放入贴好标签的样品盒内备用。工作时,将装好滤膜的滤膜夹取出,安装在分离装置底座的金属网上,最后旋上已经安装好的预捕集器前段,安装才完毕。

(5) 在选定的采样地点,将采样器牢固安装在专用三脚支架上,其高度应符合现场呼吸带高度。取出预捕集器安装在采样器上,并将进气口置于含尘空气流中。开机采样要根据现场粉尘种类及环境情况,一般采样时间控制在 20～25min。粉尘浓度较高的场所,采样时间定为 2～5min 即可。采样前应估计捕集板及滤膜上粉尘的增量,均不应少于 0.5mg 或多于 10mg,以免影响采样准确度。

(6) 采样结束后,应小心地取出粉尘样品放入相应的样品盒。样品应进行干燥处理后再称量记录。

四、注意事项

滤膜重量法测定粉尘浓度有以下 4 个关键性操作步骤。

(1) 采样前必须用同样的未称重滤膜模拟采样,调节好采样流量,检查仪器密封性能。具体方法是在抽气条件下,用手掌堵住滤膜进气口,若流量计转子立即回到零刻度,表示采样系统不漏气。单独检查采样头的气密性,可将滤膜夹上装有塑料薄膜的采样头放于盛水的烧杯中,向采样头内送气加压,当压差达到 1 000Pa 时,水中应无气泡产生。

（2）采样量超出 20mg 时,应重新采样。

（3）若现场空气中含有油雾,必须先用石油醚或航空汽油浸洗采样后的滤膜,除油、晾干后再称重。

（4）滤膜的受尘面必须向外,过氯乙烯纤维滤膜不耐高温,使用时现场气温不能高于 55℃。

五、实验数据记录与结果处理

测定地点：　　　　　　测定日期：　　　　　　天气条件：

1. 总粉尘浓度

总粉尘浓度的计算

$$T = (f_1 - f_0)/(Q \cdot h) \times 1\,000 \tag{8-1}$$

式中 T——总粉尘浓度（全尘）,mg/m³；

$\quad\quad f_0$——采样前滤膜的质量,mg；

$\quad\quad f_1$——采样后滤膜的质量,mg；

$\quad\quad h$——采样时间,min；

$\quad\quad Q$——采样流量,L/min。

表 8-1　工作场所浮游粉尘全尘测定方法数据表

测定批次	采样前滤膜质量/mg	采样后滤膜质量/mg	采样流量/(L/min)	采样时间/min	总粉尘浓度/(mg/m³)	备注
滤膜编号 1						
滤膜编号 2						

2. 呼吸性粉尘与总粉尘浓度(20L/min 恒流量时计算方法)

（1）呼吸性粉尘浓度计算

$$R = [(f_1 - f_0)/(20 \times h)] \times 1\,000 \tag{8-2}$$

（2）总粉尘浓度计算

$$T = \{[(m_1 - m_0) + (f_1 - f_0)]/(20 \times h)\} \times 1\,000 \tag{8-3}$$

式中 R——呼吸性粉尘浓度,mg/m³；

$\quad\quad T$——总粉尘浓度,mg/m³；

$\quad\quad f_0$——采样前滤膜的质量,mg；

$\quad\quad f_1$——采样后滤膜的质量,mg；

$\quad\quad m_0$——采样前捕集板的质量,mg；

m_1——采样后捕集板的质量,mg;

h——采样时间,min。

表8-2　工作场所浮游粉尘呼吸性粉尘测定方法数据表

测定批次	采样前滤膜质量/mg	采样后滤膜质量/mg	采样前捕集板质量/mg	采样后捕集板质量/mg	采样时间/min	呼吸性粉尘浓度/(mg/m³)	总粉尘浓度/(mg/m³)
滤膜编号1							
滤膜编号2							

六、思考题

(1) 实验中可能造成测量误差的因素有哪些？如何避免？

(2) 测定和分析不同产尘地点人员接触的呼吸性粉尘、全尘浓度及它们的比例有何意义？

(3) 论述我国粉尘污染状况、肺尘埃沉着病与粉尘浓度关系,粉尘防治的重要性。

实验9　工作场所粉尘浓度快速测定实验

一、实验目的

粉尘浓度是指单位体积空气中所含粉尘的量,其表示方法有计重法和数量法两种。我国卫生标准中,粉尘的最高允许浓度采用重量浓度,以 mg/m³ 表示。生产性粉尘是指在生产中形成的,并能长时间悬浮在空气中的固体微粒。在矿山开采、凿岩、爆破、运输、矿石粉碎、筛分、配料、冶炼、水晶宝石加工过程中均可有大量粉尘外逸。长期吸入生产性粉尘可引起呼吸系统的各种疾病,如肺尘埃沉着病、粉尘性支气管炎、肺炎、鼻炎等。有些矿尘在一定条件下甚至还会引起爆炸,对矿业生产环境造成破坏。工作场所或生产环境空气中粉尘的测定是生产安全与环境监测的重要组成部分,通过定期的粉尘监测能及时了解生产场所的粉尘危害程度和工人实际接触的粉尘量,开展粉尘作业危害程度分级,对照工作场所空气中粉尘浓度接触限值进行职业卫生监督。

工作场所空气中粉尘的测定包括:总粉尘、呼吸性粉尘浓度测定(质量浓度);粉尘分散度测定;粉尘中游离二氧化硅含量测定。粉尘浓度的测量仪器种类很多,主要为采用滤膜测尘法粉尘采样器,以及通过光散射、光吸收和β射线等原理设计的直读式粉尘测定器这两大类,直读式粉尘测定器比滤膜法的测尘器更为简单迅速,两者都是国家强制性检测的计量工具。本实验的目的如下。

(1) 了解工作场所粉尘作业的危害与危害程度分级;

（2）学习并熟悉直读式粉尘测定器的原理与测定方法；

（3）对特定场所的呼吸性粉尘与总粉尘浓度分别进行准确测定。

二、实验原理与仪器

实验所用 CCD1000 型数字式粉尘测定仪是加入单片机控制的新一代快速测尘仪器。图 9-1 为 CCD1000 型仪器的系统结构图。给暗室里的浮游粉尘照射光时，在粉尘物理性质一定的条件下，粉尘的散射光强度正比于粉尘的质量浓度。将散射光强度转换成脉冲计数即可测出粉尘的相对质量浓度，通过预置质量浓度转换系数 K 值，便可直接显示粉尘质量浓度（mg/m³）。粉尘在风扇的吸引下进入吸引口，经迷宫式切割器除去粗大粒子，遮掉外部光线，进入检测器暗室。暗室内的平行光与受光部的视野成直角交叉构成灵敏区（图中斜线部分），粉尘通过灵敏区时，其 90°方向散射光透过狭缝射进光电倍增管转换成光电流，经光电流积分电路转换成与散射光成正比的单位时间内的脉冲数，因此记录单位时间内的脉冲数便可求出粉尘的相对质量浓度。本仪器相对质量浓度为 CPM（Count Per Minute），即"每分钟的脉冲计数"，质量浓度单位是 mg/m³。为确保仪器的长期稳定性和检测灵敏度，在检测器内部装有模拟散射光的光学系统（标准散射板）。用标准散射板对照检验表记载的调整灵敏度数值（S），可对仪器进行自校。

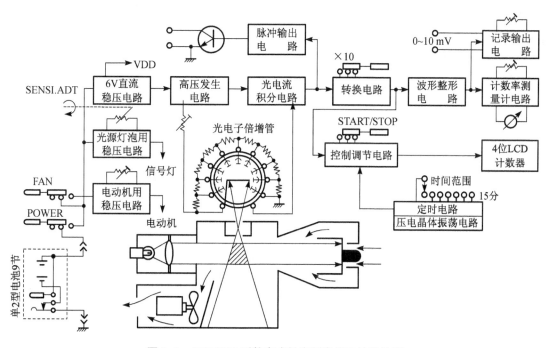

图 9-1　CCD1000 型数字式粉尘测定仪系统结构图

由于尘粒所产生的散射光强弱与尘粒的大小、形状、密度、粒度分布、光折射率、吸收率等密切相关，当被测颗粒物质量浓度相同，而粒径、颜色不同时，颗粒物对光的散射程度也不相同，仪器测定的结果也就不同。因而根据所测得的散射光强度从理论上推算粉尘的浓度比较困难，这种仪器实际上需在作业工况下标定，以确定散射光的强度和粉尘浓度的关系。一般在某一特定的采样环境中采样时,采用先将滤膜重量法(参见实验8)与光散射法所用仪器测定数据相比较,计算出 K 值。这相当于用重量法对仪器进行标定。光散射法仪器出厂时给出的 K 值是仪器出厂前厂方用标准粒子校正后的 K 值,该值表明同一型号的仪器 K 值相同,则仪器的灵敏度一致,但不是实际测定样品时可用的 K 值。因此,光散射测尘仪操作简便,可给出短时间间隔的平均粉尘浓度,用于现场粉尘浓度变化的监测,缺点是对不同的粉尘测定对象需进行不同的标定。

三、仪器主要性能指标

CCD1000 型数字式粉尘测定仪特点为携带方便、测量快速准确、检测灵敏度高、性能稳定、可预置 K 值,直接显示质量浓度等,适用于劳动卫生呼吸性粉尘、总粉尘浓度的测定;工矿企业生产现场粉尘浓度连续监测;公共场所可吸入颗粒物(PM10)及环境监测部门大气飘尘的快速测定等方面。CCD1000-FB 型便携式微电脑粉尘仪各部位的名称及功能说明见图 9-2~图 9-4。主要性能指标如下。

(1) 测定对象:作业现场呼吸性粉尘、总粉尘、公共场所可吸入颗粒物(PM10)和大气飘尘;

(2) 检测灵敏度:0.01mg/m³,相对误差≤2%;

(3) 测定范围:0.01~100mg/m³(相对校正粒子);0.1~1 000mg/m³(工业粉尘);仪器有 ×10 挡量程扩展 10 倍;

(4) 测定时间:标准时间为1min,设有 0.1min、1min、3min、5min、10min、15min 及手动挡;

(5) 重复性误差:≤±2%;

(6) 显示器:4 位(9999)高亮度 LED 显示,计数时测量指示灯亮;

(7) K 值预置:仪器自校(默认)$K=0.01$,煤尘总尘 $K_1=0.646$,煤尘呼尘 $K_2=0.301$,K_3~K_5 为操作者 K 值,可预置质量浓度转换系数 K,供操作者自行设定;

(8) 电源:$1.2V\times9$ 节 Ni-H 1.8Ah 充电电池组,可连续使用 8h,设有电池欠压指示。

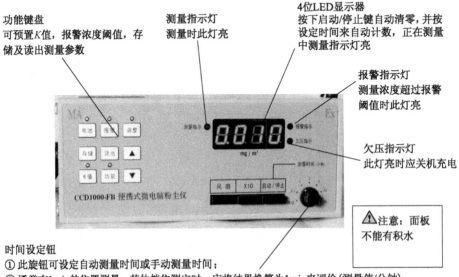

功能键盘
可预置 K 值,报警浓度阈值,存储及读出测量参数

测量指示灯
测量时此灯亮

4位LED显示器
按下启动/停止键自动清零,并按设定时间来自动计数,正在测量中测量指示灯亮

报警指示灯
测量浓度超过报警阈值时此灯亮

欠压指示灯
此灯亮时应关机充电

⚠注意:面板不能有积水

时间设定钮
①此旋钮可设定自动测量时间或手动测量时间;
②通常在1min的位置测量,其他挡位测定时,应将结果换算为1min来评价(测量值/分钟);
③0.1min挡,在校准灵敏度时使用比较方便。

图 9-2 CCD1000-FB 型便携式微电脑粉尘仪

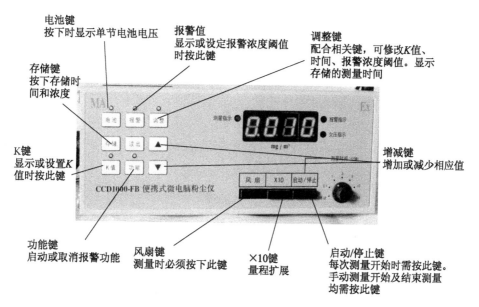

图 9-3 CCD1000-FB 型便携式微电脑粉尘仪面板图

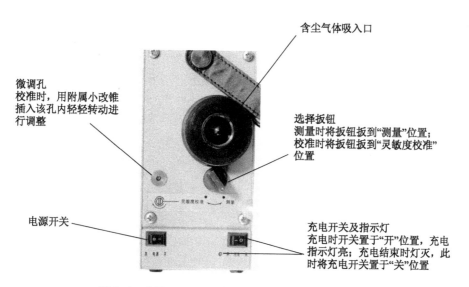

图 9-4 CCD1000-FB 型便携式微电脑粉尘仪右侧图

四、实验内容及方法

1. 时间校准与开机预热

（1）时间校准：将"电源"开关扳到"开"位置，仪器依次显示月、日、小时、分钟，此时按"调整"

键(调整键灯亮),显示月、日,按"▲"键或"▼"键至所需日期;再按"调整"键,显示小时、分钟,按"▲"键或"▼"键调至所需时间,按"调整"键,存入新的时间("调整"键灯熄灭),并显示调整后的月、日、小时、分钟。

（2）开机预热:将选择扳钮扳到"灵敏度校准"位置后预热 3～5min。

2. 电池检查

预热期间按下"电池"键,电池键灯亮,显示单节电池的电压。此时按任一触摸键或等待 5s 后,可返回测量状态,显示默认 K 值(0.01),"电池"键灯熄灭。一旦电池电压低于设定值,欠压指示灯亮,此时必须给电池充电后方能正常工作。

3. 测量校准

测量前应进行测量校准,操作方法如下。

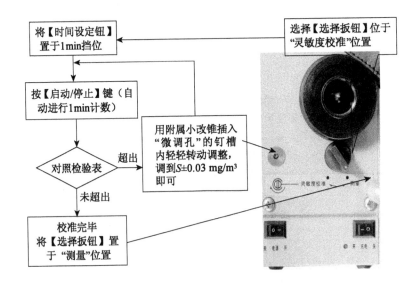

注:①第一次按 K 键,K 键上的灯不亮,显示 K＝0.01(此 K 值为默认 K 值,校准专用,不能调整)。②为缩短调整时间,可将【时间设定钮】置于 0.1min 挡位进行粗校准,粗校方法与正常校准方法相同。

4. K 值的选择与设置

根据现场粉尘种类选择或设置 K 值,操作方法如下。

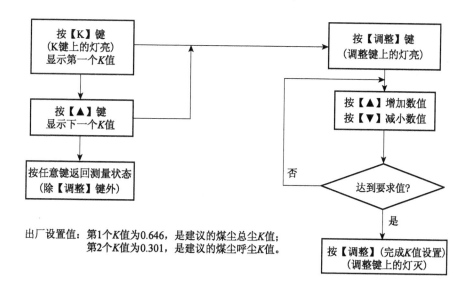

出厂设置值：第1个K值为0.646，是建议的煤尘总尘K值；
第2个K值为0.301，是建议的煤尘呼尘K值。

5. 质量浓度测定

操作方法如下。

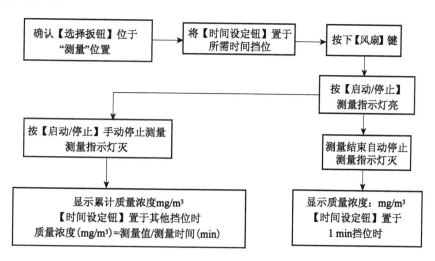

6. 数据存储

测量结束后（测量指示灯灭），按"存储"键，浓度（mg/m³）值先灭再亮，则时间、浓度（mg/m³）值已被存入。本仪器可循环存储最近的99组测量值。

7. 数据读出

（1）仅读出浓度值：按"读出"键显示最近存入的第1个浓度值；按"▲"键可依次得到第2～

99 个浓度值；

（2）读出全部存储参数：按"读出"键显示最近存入的第 1 个浓度值；再按"调整"键，依次显示该浓度值的测量日期、测量时间、浓度值。重复上述操作，可依次得到第 2～99 个浓度、日期及时间值。

（3）除"调整"键、"读出"键与"▲"键外，按其他触摸键可返回测量状态，并显示 K 值。

五、实验数据记录与结果处理

将特定场所测定的实验数据填入表 9-1 中，并计算平均结果。

表 9-1 直读式粉尘测定器数据记录表

粉体种类	煤粉				特定样品粉尘	
测试种类	总粉尘		呼吸性粉尘		呼吸性粉尘	
测试次数	1	2	1	2	1	2
浓度/(mg/m³)						
平均浓度/(mg/m³)						

六、思考题

（1）粉体造成的危害有哪些？哪里是粉体的来源？

（2）便携式微电脑粉尘仪总粉尘浓度与呼吸性粉尘浓度的测定原理是什么？其基本性能是什么？

（3）便携式微电脑粉尘仪的测试精确度与哪些因素有关？

实验 10 粉尘粒度分布测定实验

一、实验目的

一束阳光射入昏暗的房间，你会发现光束中飘浮着数不清的、闪闪发光的尘埃。尘埃也称粉尘，几乎到处可见。土壤和岩石风化后分裂成许多细小的颗粒，它们伴随着花粉、孢子及其他有机颗粒在空中随风飘荡。除此之外，许多粉尘乃工业和交通运输发展的副产品；烟筒和内燃机排放的废气中也含有大量的粉尘。

粉尘粒径的大小是危害人体的一个重要因素，它主要表现在以下两个方面：粉尘粒径小，粒子在空气中不易沉降，亦难以捕集，造成长期空气污染；同时易随空气吸入人的呼吸道深部。一般说来，粒径大于 $5\mu m$ 的粒子容易被呼吸道阻留，一部分阻留在口、鼻中，一部分阻留在器官和支气管中。粒径小于 $5\mu m$ 的粒子能进入人体的肺泡，粒径小的有害物又较易溶解，经肺泡吸收也较快。因为有害物通过肺泡的吸收速度快，而且被肺泡吸收后，不经肝脏的解毒作用，直接被血液和淋巴输送到全身,所以有很大的危害性。粉尘粒径小,不仅其化学活性增大,表面活性也增大(由于单位质量的表面积增大),加剧了人体生理效应的发生与发展。例如锌和一些金属本身并无毒,但将其加热后形成烟状氧化物时,可与体内蛋白质作用而引起发烧,发生所谓"铸造热病"。再者,粉尘的表面可以吸附空气中的有害气体、液体及细菌病毒等微生物,它是污染物质的媒介物,还会和空气中的二氧化硫联合作用,加剧对人体的危害。

粉尘的爆炸性也与其颗粒大小有关,颗粒越细,单位质量的粉尘表面积越大,吸附的氧就越多,发火点和爆炸下限也越低。另外,颗粒越细越容易带上静电,易带静电的粉尘易引起爆炸,在产生粉尘的过程中,由于摩擦、碰撞等作用粉尘一般都带有电荷,细小粉尘带电后其物理性质将发生改变,其爆炸性质也会变化。

本实验要求学生利用重力沉降法粒度测定仪,记录各种粉尘在不同液体中的沉降过程,应用斯托克斯计算公式计算作出沉降曲线,求出不同粒径范围内的粉尘所占的百分数,从而测出粉尘粒径分布。

二、实验原理

由于粉尘粒径范围很宽,从百分之几微米到数百微米,并且各种粉尘又各具有不同的物理、化学性质,致使粉尘粒径的测试方法繁多。然而每种测试方法只能在一定条件、一定粒径范围内使用,还没有一种通用方法。粉尘是一个群体,其粒径的性质表现为分布的统计特性。测定粉尘粒径分布采用的方法可分为如下几类。

(1)计数法:该方法是对具有代表性的尘样逐一测定其粒径,显微镜法和光散射法均属于这类方法。计数法测量的分散度以各级粒子的数量分数表示。

(2)计重法:将粉尘按一定粒径范围分级,然后称量各级的质量,求其粒径分布。常用的计重法粉尘粒径测定仪采用离心、沉降或冲击原理将粉尘按粒径分级,测量的分散度以各级粒子的质量分数表示。

(3)其他方法:有面积法、体积法等。

各种粉尘粒径分布测定仪器都是基于粉尘的某种特性设计的,如光学特性、惯性、电性等。由于设计原理不同,测得的粒径含义各不相同:用显微镜测得的是投影径,用电导法测得的是等体积径,用沉降法测得的是斯托克斯径等。不同的方法之间没有可比性,所以在给出粒径分布数据时,应说明是何种意义的粉尘粒径。

本实验采用沉降天平法测定粉尘粒径。不同粒径的粉尘在均匀分布的悬浊液中,以本身的沉降速度沉降在天平盘上,天平连续累积称出由一定高度 H 的悬浊液中沉降到天平盘上的粉尘量。仪器自动记录称量沉降的粒量,并绘出曲线。沉降到天平盘上的粉尘量是时间 t 的函数,根据斯托克斯定理,粉尘颗粒在沉降过程中,发生颗粒分级,因而静止的沉降液的黏滞性对沉降颗粒起着摩擦阻力作用,按以下公式计算:

$$r = \sqrt{9\eta/[2g(\gamma_k - \gamma_t)]} \cdot \sqrt{H/t} \tag{10-1}$$

式中　r——颗粒半径,cm;

　　　η——沉降液黏度,泊或 g/(cm·s);

　　　γ_k——颗粒密度,g/cm³;

　　　γ_t——沉降液密度,g/cm³;

H——沉降高度(沉降液面到称盘底面的距离),cm;

t——沉降时间,s;

g——重力加速度,980cm/s^2。

当测出颗粒沉降至一定高度 H 所需时间 t 后,就能算出沉降速度 $v(H/t)$,进而再算出颗粒半径 r。所谓沉降分析法就应用此理论来求得颗粒分布情况。仪器使用时,将被测定物(3~10g,或根据试样性质和经验确定试样量)烘干后放在 500mL 的沉降液中经搅拌后进行沉降,求得沉降曲线,就可换算出颗粒大小及它们所占的百分比。沉降天平法理论上测定的粒径范围为0.2~60μm。但由于布朗运动,小于 1μm 的微粒不可能测准。

作为计算基础的斯托克斯定律只适用于球形颗粒,在这里直径是严格确定的,如果粉末试样的颗粒不是球体(在大多数情况下都是这样),则只能得到相对值,尽管一个六面体在几何学上看,近似于球体,但它已经有三个直径(棱边、对角线和空间对角线)。所以这里的直径概念只是一个平均值,粉末的颗粒几何形状离球体越远(片状、针状),测出的所谓直径与颗粒分布的数值就越是相对值,尽管如此,由不同颗粒组成的化学同质粉末在几何形状相同时所得到的结果(所谓当量直径)仍有其相对的说服力。

三、实验仪器

沉降法粒度测定仪由高精度电子沉降天平和计算机及颗粒度数据处理软件组成。当沉降液中的被测颗粒沉降到天平秤盘上,天平面板即显示质量值,该质量信号同时传输到计算机,由颗粒度数据处理软件实时采集质量信号并显示在屏幕上,沉降结束后,将曲线储存起来,以便随时调用,然后进行颗粒度计算,计算结果可以表和图的形式打印出来。图 10-1 是 TZC 系列颗粒沉降仪结构原理框图。

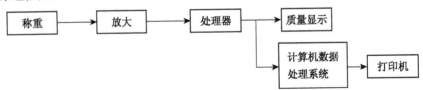

图 10-1 TZC 系列颗粒沉降仪结构原理框图

沉降法粒度测定仪器适用于测定颜料、研磨料合成树脂、化妆品、药品、玻璃、粉末冶金物、水泥、塑料、耐火材料、涂料、石油、煤炭等工业的粉尘粒度及分布情况,是从事颗粒度研究和测试工作的科技人员的常用仪器。

四、实验准备

1. 分散剂的选择与制备

根据测试样品选择适当的沉降液,介质溶液应不与样品起化学反应,也不能溶解样品及产生凝聚、结晶等现象,最常用的沉降液是蒸馏水。为了更好地测得颗粒的分布值,防止试样黏结,需加分散剂。一方面当分散剂投加太多时,直接改变了沉降液的黏度,使分散的粒子相互干涉,并影响到颗粒的沉降速度;另一方面分散剂量太少时,则近似于分散剂不加,测定结果是否表示典型粒子的直径是值得怀疑的,所以必须选择适当的剂量。根据实践建议,用水或水的混合物做沉降液时需添加 2kg/m³ 的分散剂六偏磷酸钠或焦磷酸钠,这样不仅能软化水,而且能避免颗粒凝聚和分散凝胶。

2. 沉降液的选择

（1）密度小又极细的颗粒(密度 3g/cm³ 以下、粒度为 10μm 以下)：

① 建议用蒸馏水或黏度更小的溶液作沉降液(如甲醇、苯等)。

② 除降低沉降液黏度之外,对于极细粉尘还可以用仪器配套的大沉降筒及大称盘来进行。

（2）密度大,粒径也大的颗粒(密度 3g/cm³ 以上、粒度为 30μm 以上)：

① 采用黏度大的沉降液：如在水溶液中加入适量的甘油或明胶,或采用正丁醇、煤油、豆油、机油、变压器油等黏度系数大的溶液作沉降液。

② 采用在标准沉降筒内调换小秤盘,解决沉淀速度太快的矛盾。

3. 被测样品的处理

（1）干燥：将试样放入烘箱烘干,烘箱的温度应根据试样的性质而定,一般取 80℃ 左右,保温 4h,然后将试样放入干燥器中冷却至室温(对吸湿要求很低或对样品无干燥要求的,可免烘干)。

（2）称重：试样重量可由操作者根据实践经验选择,不受仪器限制,一般试样量可选择 3～10g。

五、实验内容及方法

（1）样品的配制：配制 500mL 沉降液(2kg/m³ 的六偏磷酸钠水溶液),确定其密度、温度及黏度。把烘干后的沉降试样,按规定的数量用分析天平准确称量到 0.000 1g,倒入已制备好的沉降液中,用电动搅拌器分散,因搅拌均匀程度直接影响实验数值的正确性,建议搅拌时间为 30～60min。

（2）接通沉降天平电源,液晶屏有显示后,预热半小时以上,按"ON/OFF"键,仪器先进行自检,完成后显示 0.000g(键盘功能：ON/OFF—开/关键;T—清零键;C—校准键)。

（3）双击电脑桌面上 TZC 系列颗粒测定仪数据分析软件的快捷键,会出现一个过渡窗口,将鼠标点在除图片外的其他任意位置,即进入颗粒测定窗口。测试样品时,用鼠标点击"沉降曲线采集"键,进入"粒度测定-[数据采集]"窗口。点击"参数设置"菜单,弹出参数设置对话框(图 10-2),按照对话框要求逐条键入参数,检查正确无误后,点击"确定"。

（4）将称盘放入盛有悬浮液(经充分

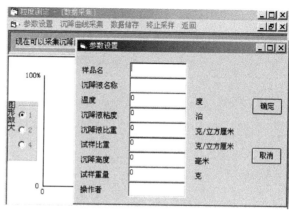

图 10-2　参数设置对话框

搅拌的沉降液＋分散剂＋被测样品)的沉降筒,再把秤盘上下往复拉几次,主要用来改变搅拌器搅拌后产生的离心力,防止粗颗粒向沉降筒壁沉降。

(5)将吊耳向上拉起,沉降筒放到天平底板上,再把吊耳放下,迅速把秤盘挂到吊耳上,天平经过短暂的平衡以后,面板显示的数字变动逐渐趋小,此时按下天平面板上的"T"清零键,同时迅速用鼠标点击"沉降曲线采集"菜单,显示屏上即刻就会显示出采集的沉降曲线。上述这一操作要熟练掌握,尽量在短时间内完成,防止被测样品大量沉积。

(6)应尽量使样品的可沉降颗粒都沉降,沉降曲线趋于或已经水平时,用鼠标点击"终止采样"菜单,沉降曲线采集结束。

(7)如果需要保留该样品的试验曲线,可点击"数据储存"菜单,显示屏上出现保存对话框,见图 10-3。在文件名栏内键入样品名称,再点击"保存",曲线保存完毕对话框消失。点击"返回"菜单,整个沉降数据采集过程完成,返回到起始窗口。

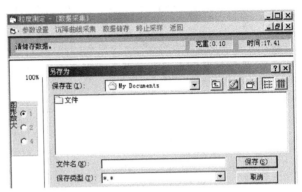

图 10-3 保存对话框

六、实验数据记录与结果处理

本仪器以斯托克斯定律作为计算依据,严格地说,该定律只有在球体很小,沉降速度很慢,沉降液黏度很高的情况下才适用。对曲线的计算有下列两种情况:即时采集沉降曲线后可直接进行计算;曲线先储存在计算机中的,把曲线取出来,再进行计算。这里介绍如何取出曲线,然后进行计算操作。

1. 取出曲线

在起始窗口中点击"数据处理"菜单,进入下面窗口,点击下拉菜单"文件",选中"打开曲线",显示屏弹出"打开"对话框显示所有存入该文件夹的数据名,选中需要的曲线,再点击"打开",选中的曲线便出现在显示屏上,见图 10-4。

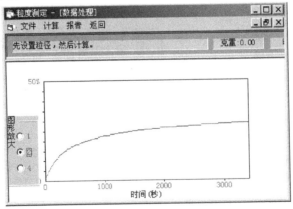

图 10-4 打开文件曲线显示图

~~~~~~~ 2. 计算 ~~~~~~~

曲线出现后,便可以计算了。点击"计算"菜单,选中"设置",弹出颗粒区间设置框,提示框有相应的提示出现。设置框中序号 1 是采样终止时测得的颗粒直径,首先按"Enter"键,出现序号 2,键入颗粒直径,然后按"Enter"键,如此往复到需计算的最大颗粒直径数值。然后点击"计算"下拉菜单,选中"计算",

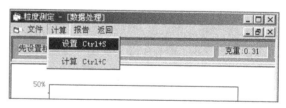

图 10-5　"计算"对话框

见图 10-5,便可以查看计算结果了。查看计算结果时,从"报告"下拉菜单进入,共有三种图一个表,可用鼠标选择其中任意一项,并点击"确认"该项图和表,结果即显示在显示屏上。

七、思考题

(1) 沉降法测定粒度的基本原理是什么? 选择沉降液、分散剂的主要依据是什么?

(2) 如果粒子不是球形的,测得粒子半径有何意义?

(3) 若实验开始时,仪器的平衡点未调好,将对实验结果产生什么影响?

实验 11　可燃性粉尘爆炸特性测定实验

一、实验目的

粉尘是指呈分散状态的固体物质。能够发生爆炸的粉尘,是指那些可燃性固体物质粉碎后形成的细小颗粒物质,且粉尘应够在空气中飘浮一段时间。粉尘爆炸现象使粉尘比原来大块状固体的火灾危险性及危害性大得多。由粉尘(如铝粉、锌粉等)爆炸导致的灾难性事故时有发生,煤矿井下煤尘爆炸事故更为常见。2014 年 8 月 2 日,江苏昆山某金属制品厂轮毂抛光车间发生铝粉爆炸,造成 75 人死亡与 185 人受伤的特大事故。虽然能够发生爆炸的粉尘颗粒很细小,但毕竟是处于固体状态,因此粉尘爆炸与混合气体爆炸有诸多不同。粉尘爆炸是因粉尘粒子的表面氧化而发生的,气体爆炸是氧化剂(空气)与可燃物均匀混合时产生反应后发生的。固体的燃烧过程远比气体燃烧过程复杂得多,同样,粉尘爆炸也比混合气体爆炸复杂得多,它不是一个通常的气-固两相动力学过程,爆炸机理研究至今仍然不太清楚,目前主要有两种观点,即气相点火机理和表面非均相点火机理。气相点火机理认为粉尘爆炸经历以下过程。

(1) 粒子表面接受热能时,表面温度上升;

(2) 粒子表面的分子产生热分解或干馏作用,成为气体排放在粒子周围;

(3) 这种气体与空气混合成为爆炸性混合气体、发火产生火焰;

(4) 这种火焰产生的热,进一步促进粉末的分解不断成为气相,放出可燃性气体与空气混合而着火、传播。

粉尘与氧化剂产生反应发生的爆炸所放出的能量介于气体和火药之间,其最高值为气体爆炸的数倍。但是粉尘爆炸不同于气体爆炸和炸药爆炸,它所需要的发火能量很大。可燃粉尘、空气混合物能否发生着火、燃烧或爆炸,以及爆炸猛烈程度如何,主要与粉尘的理化性质和外部条件有关,例如粉尘的粒度、燃烧热和挥发成分含量;空气的温度、湿度、压强、含氧量;点火源的强度等。要进一步了解粉尘爆炸发生及发展的过程、机理、影响因素及危险性评价,就必须有一套基本参数、试验方法和仪器设备。描述粉尘与空气混合物爆炸的特性参数分两组:一组是粉尘点火特性参数,如最低着火温度、最小点火能量、爆炸下限、最大允许氧含量、粉尘层比电阻等,这些参数值越小,表明粉尘爆炸越易发生;另一组是粉尘爆炸效应参数,如最大爆炸压力、最大压力上升速率和爆炸指数等,这些参数值越大,表明粉尘爆炸越猛烈。本实验目的如下。

(1)分别掌握最大爆炸压力、最大爆炸压力上升速率、爆炸指数、爆炸下限、爆炸上限等基本概念和测定方法;

(2)了解粉尘爆炸实验的测试原理和基本方法,巩固粉尘爆炸理论知识;

(3)熟悉粉尘爆炸的基本过程和规律。

二、实验仪器

本实验所用 20L 球形爆炸测试设备主要包括装置本体、控制系统和数据采集系统三大部分。实验装置流程图如图 11-1 所示。

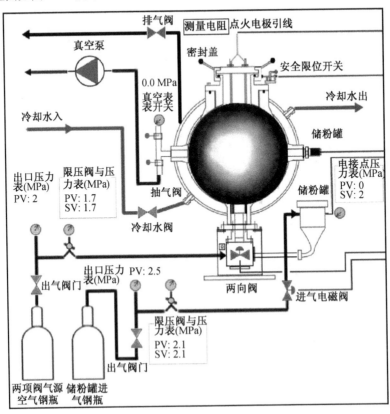

图 11-1　实验装置流程图

装置工作原理:用 2MPa 的高压空气将储粉罐内的可燃粉尘经两向阀喷至预抽真空至 $-0.06MPa$ 的 20L 球形装置内部;然后,开始计算机采样并用点火装置引爆气粉混合物;最后对采样结果进行分析、计算,完成实验。

爆炸判据:当某一浓度的粉尘产生的爆炸压力大于或等于爆炸判据压力 p_{exl},则认为发生了爆炸;若某一浓度的粉尘产生的爆炸压力小于爆炸判据压力 p_{exl},则认为不发生爆炸。是否发生爆炸的判据压力 p_{exl} 与点火头的能量有关,见表 11-1。

表 11-1　粉尘爆炸判据

点火头能量	点火头本身升压 p_{ci}	爆炸判据压力 p_{exl}	采用标准	说明
2kJ	0.02MPa	$\geqslant 0.05MPa$	瑞士 KuhnerAG 公司	
10kJ	0.11MPa	$\geqslant 0.15MPa$	GB/T 16425—1996	本实验采用

注:10kJ 点火头质量为 2.4g,由 40%(质量分数,下同)的锆粉、30% 的硝酸钡和 30% 的过氧化钡组成。

三、实验测定的参数

1. 粉尘爆炸强度的测定

粉尘爆炸强度包括:最大爆炸压力 p_{exm}(maximum explosion pressure)、爆炸压力上升速率 R_m(rate of pressure rise)、爆炸指数 K_{st}(explosion index)。爆炸压力上升速率 R_m 可从某一粉尘浓度的爆炸压力 p-时间 t 曲线上求出,w 点处曲线斜率最大为 $R_m = (dp/dt)_{max} = p_w/(t_w - t_1)$,如图 11-2 所示。

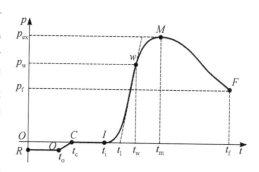

图 11-2　爆炸压力-时间曲线

由于以上爆炸压力—时间曲线为 20L 球形爆炸装置的测定值,而国际上通常以 1m³ 装置测试结果为准,必要时可参考有关书籍进行适当修正。推荐的浓度测试系列实验见表 11-2,其中浓度为 0 时,所得结果为化学点火头的升压 p_{ci}。

表 11-2　推荐的粉尘浓度测试系列

$W/(g/m^3)$	0	60	125	250	500	750	1 000	1 250	1 500	2 000
$w/(g/20L)$	0	1.2	2.5	5.0	10.0	15.0	20.0	25.0	30.0	40.0

各浓度下的 p_{ex} 的最大值 p_{exm} 为该粉尘的最大爆炸压力,如图 11-3 所示。

各浓度下的 R_m 的最大值 R_{mm} 为该粉尘的最大爆炸上升速率,与 R_{mm} 相应的 K_{st} 为该粉尘的爆炸指数,如图 11-4 所示。

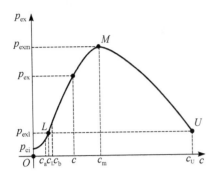

图 11-3　粉尘最大爆炸压力—浓度曲线

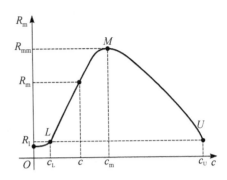

图 11-4　粉尘最大爆炸压力上升速率—浓度曲线

～～～～～～　2. 粉尘爆炸极限的测定　～～～～～～

爆炸下限 LEL(Lower Explotion Limit)浓度 c_L：能够靠爆炸罐中产生必要的压力维持火焰传播的空气中可燃粉尘的最低浓度。实际测试时，c_L 为一个小的范围(c_a, c_b)(图 11-3)。实验中粉尘爆炸下限的测定按 GB/T 16425—1996 进行。实验时按 $10g/m^3$ 为级数增加或减少粉尘浓度。设粉尘在某一浓度 c_b 下发生了爆炸，而低于 c_b 的下一个级数粉尘浓度 c_a 不发生爆炸，若连续 3 次重复以上情况，则认为该粉尘的爆炸下限浓度 c_L 介于 c_a 与 c_b 之间，即：$c_a < c_L < c_b$。

爆炸上限 UEL(Uper Explotion Limit)浓度 c_U：能够靠爆炸罐中产生必要的压力维持火焰传播的空气中可燃粉尘的最高浓度。一般较少测试。

当粉尘浓度介于 c_L 与 c_U 之间时，粉尘发生爆炸；反之粉尘不发生爆炸。

四、实验内容及方法

(1)系统准备：检查系统，确保各环节不漏气，打开控制面板电源开关，按"复位"按钮三次，消除传感器的累积电荷，打开计算机，启动采样软件确定并记录实验参数，打开冷却水阀，关闭排气阀。

(2)设定压力：首先打开两相阀气源空气钢瓶出气阀门，调节其限压阀，设定压力 SV＝1.5～1.7 MPa；其次打开储粉罐进气钢瓶出气阀门，调节其限压阀，设定压力 SV＝2.0～2.1 MPa；最后设置电接点压力表的触发压力为 SV＝1.8～2.0 MPa。

(3)安装点火头：打开安全限位开关，打开密封盖，用安全钳(或电线)短接两点火杆电极，安装点火头，O 形圈周围清扫干净后装上密封盖取下安全钳(或电线)，用万用表测量两电极之间的电阻(应在 5～6Ω 以下)，合上安全限位开关，插上电极引线。

(4)装粉：打开储粉罐，打开罐盖，装入称量好的粉尘，旋紧罐盖。

(5)抽真空：打开抽气阀，打开真空表开关，启动真空泵抽真空，待真空压力表显示约为 PV ＝－0.06MPa 后，关闭真空表开关，关闭抽气阀，关闭真空泵。

(6)爆炸与记录：在控制面板上将"手动/自动"旋钮调成"自动"，按采样软件的"开始"按钮等待采样，按下"运行"按钮，储粉罐压力达到设定压力后自动完成一次爆炸，在计算机上查看爆炸曲线，记录爆炸数据。

（7）清洗清理：打开排气阀，在控制面板上将"手动/自动"调成"手动"，按下"进气"按钮，然后按下"清洗"按钮，进气和清洗需重复三次；断开点火电极引线，打开安全限位阀，打开密封盖，用吸尘器清理球罐内部残余粉尘，清理点火杆以备下次使用。

（8）结束工作：若实验结束，合上密封盖，关闭控制面板电源开关，关闭计算机，关闭两相阀气源空气钢瓶出气阀门及其限压阀，关闭储粉罐进气钢瓶出气阀门及其限压阀，待球罐冷却一段时间后，关闭冷却水阀。

五、实验数据记录与结果处理

采用实际操作演示实验与计算机仿真模拟软件相结合的方式进行。分组依次选择的粉尘为：①活性炭；②聚丙烯酸甲酯；③铝粉；④面粉；⑤奶粉；⑥软木料；⑦纤维素；⑧烟煤。

（1）粉尘爆炸参数实验数据记录

选取两个浓度试验点，测定该浓度粉尘爆炸的最大爆炸压力 p_{ex} 与爆炸压力上升速率 R_m，将实验结果填入表 11-3。

表 11-3　20L 球形粉尘爆炸参数实验数据记录

粉尘名称		环境温度/℃		点火能量/kJ	
粉尘粒径/μm		环境湿度/%		点火延时/s	
粉尘水分/%		氧浓度/%		初始压力/MPa	
编号	粉尘浓度/(g/20L)	粉尘浓度/(g/m³)		p_{ex}/MPa	R_m/(MPa/s)
1	10.0	500			
2	25.0	1 250			

（2）粉尘爆炸极限实验数据记录

测定一系列浓度粉尘爆炸的最大爆炸压力 p_{ex}，将实验结果填入表 11-4。以粉尘最大爆炸压力 p_{ex} 对粉尘浓度作图，是否发生爆炸的判据为 p_{exl}（本实验采用 0.15MPa），若粉尘产生的爆炸压力小于爆炸判据 p_{exl}，则认为不发生爆炸，以此确定粉尘爆炸的上、下限。

表 11-4　粉尘爆炸极限测定实验数据记录

粉尘浓度/(g/m³)							
p_{ex}/MPa							
是否爆炸							

六、注意事项

（1）必须在排气阀门开启的状态下才能打开装置上盖，禁止 20L 装置内压力高于大气压。

（2）安装点火头前，必须用安全钳将点火电极短路；用万用表测量点火头电阻时，必须扣上密封盖然后测量，防止意外电流通过引爆点火头。

（3）清洗时和实验前必须先关好真空表阀门。

（4）设备的设计压力为 2.5MPa，工作压力为 1.5MPa，可以满足一般工业粉尘爆炸性的测试，但不得用于初始压力大于 0.15MPa（绝对压力）的爆炸性测试。

（5）传感器标定：压电传感器将容器内压力信号转变为电压信号后经由数据采集卡存储到电脑中。传感器的一个重要参数就是压力电压比（即压电比）。由于环境变化及对传感器采取的一些保护性措施，会导致其压电比略微改变。只有在第一次实验之前或者长时间不使用设备而导致实验结果发生严重偏差的时候才需要对传感器进行标定。

七、思考题

（1）简述粉尘爆炸的机理与影响粉尘爆炸的因素。

（2）20L 球形爆炸测试装置的工作原理是什么？

（3）在粉尘爆炸实验中应注意哪些事项？

第三篇

化工过程安全实验

实验 12　可燃气体检测报警实验

一、实验目的

可燃气体指能够与空气（或氧气）在一定的浓度范围内均匀混合形成预混气，遇到火源会发生爆炸，燃烧过程中释放出大量能量的气体。可燃性气体是在石油化工、化工及煤矿等行业随时可能遇到的有害气体。最为常见的可燃气体就是烷烃类气体，比如甲烷（瓦斯）、丙烷等。可燃气体在常温常压下呈气体状态，如氢气、乙炔、乙烯、氨、硫化氢等，具有气体的一般特性。可燃气体按照一定的流速从喷嘴喷射出，其燃烧速度取决于可燃气体与空气的扩散速度；可燃气体与助燃性气体按照一定的比例混合喷射点燃称为混合燃烧，其燃烧速度取决于可燃气体的反应速度。可燃性气体在相应的助燃介质中，按照一定的比例混合，在点火源作用下，能够引起燃烧或爆炸。可燃气体的危险性主要视其爆炸极限而定，爆炸下限数值越小，爆炸下限与上限之间的范围越大，其危险性越高。

可燃气体与有毒有害气体的危险和危害是时时刻刻存在的。当一个电信工人下井进行一次例行电信线路检测的时候，他可能就处于一种危险的境地。也许你不会想到,在那个貌似干净的密闭地下管道的深处,一只死老鼠在腐败分解过程中所消耗掉的氧气就会使整个管道井处于一种缺氧的状态。而其本身有机物质的腐烂也会产生硫化氢和一氧化碳等气体。这样,进入管道井中的工人可能遇到的有毒有害气体的威胁就包括氧气不足的窒息危险和有毒气体的中毒问题。但事情也许还没有完结,随着城市管道的复杂程度越来越大,这条电信管道旁边的另一条煤气管道恰好发生了可燃气体的微量泄漏,泄漏量不断积累又使得这个本不该存在可燃气体的电信管道井中出现可燃气体浓度超标。此时,也许在工人下井时,他的维修工具和梯子发生碰撞产生的火星就会使得在整个管道井中发生严重的爆炸事件。

在城市市政工程中,下水道是一个十分危险的场所,通过排水过程,大量有机物质会被携带至下水道中,一旦处于合适的温度和湿度下,它们就会发生腐烂而生成大量的甲烷气体(也就是俗称的"沼气"),这些气体会在下水道中扩散,一旦遇到合适的空间发生积累,就形成了气体爆炸的隐患。另外,也许刚好一个加油站的地下油罐发生了泄漏,而泄漏的汽油又恰恰进入下水道中,这些不断积累的可燃气体在遇到火源的情况下,就会发生严重的爆炸事故。

在密闭空间中遇到的可燃气体和蒸气可能来自几个方面,比如细菌分解、置换、残留、工作产物等。残留因素包括残留(液体或淤泥)组分的蒸发、化学过程的产物、建筑材料的脱附等。井壁或其他建筑材料的脱附需要特别注意,它可能产生远远超过爆炸限度的各类有害气体,而可以形成可燃物混合气体的物质的脱附更要注意,比如,在罐内存储过程中,液态的丙烷会被多孔的罐壁吸附并保留其中,而在抽干以后,罐壁中的丙烷就开始连续地脱附释放容器内的气氛之中。很多使用有机溶剂的工作都会在其周围环境中产生高浓度的混合物,例如喷漆。在我国 2007 年 9 月公布的 GBZ/T 205—2007《密闭空间作业职业危害防治规范》中规定,密闭空间内的可燃气体浓度应低于爆炸下限的 10%,而对于油轮船舶的拆修,以及油箱、油罐的检修,空气中可燃气体的浓度应当低于爆炸下限的 1%。本实验目的如下。

(1) 掌握可燃气体、可燃气的爆炸范围和爆炸极限等概念;

(2) 学会可燃气体检测报警仪的使用;

(3) 准确检测给定环境中可燃气体的浓度。

二、实验原理

实验所用可燃气体检测报警仪突出特点是采用催化原理传感器、智能化信号处理系统,具备存储、读取数据的功能。仪器具有测量范围宽、使用寿命长、准确度高、操作简便等优点,适用于工作环境中连续检测烷烃类、醇类和有机挥发物等可燃气体的浓度,可在石油、化工、天然气、消防等行业广泛应用(催化燃烧传感器的工作原理、特性与影响因素见本章附件)。

本实验中传感器以扩散方式直接与环境中的被测气体反应,产生线性变化的电压信号。信号处理电路由以智能芯片为主的多块集成电路构成。传感器输出信号经滤波放大,模数转换,模型运算等处理,直接在液晶屏上显示被测气体的浓度值。仪器可设置二级报警,当气体浓度达到预置的报警值时,仪器将依据报警级别的不同,发出不同频率的声、光报警信号。仪器的工作指示灯每隔 10s 闪烁一次,表示仪器工作正常。当电池电压下降到一定程度,需要充电时,显示屏会出现欠压标志,提示操作者充电。仪器主要技术参数如下。

---

1. 环境参数

工作环境：$-5 \sim +40 ℃$；

相对湿度：$\leqslant 95\%$ RH；

保存温度：$-20 \sim +50 ℃$。

---

2. 电源

仪器使用充电锂电池，可连续工作 $6 \sim 8h$。

---

3. 技术参数

检测范围：$0 \sim 100\%$LEL；

误差：$\leqslant \pm 5\%$FS；

响应时间：30s(T90)。

---

4. 整机工作电流

静态：$\leqslant 110mA$；

报警状态电流：$\leqslant 160mA$；

背光电流：$\leqslant 130mA$。

三、实验内容及方法

可燃气体检测报警仪的使用分为三种状态：测量状态、校准状态和标定状态。操作者常用的是测量状态和校准状态。维修人员在仪器的标定状态下对仪器标定。

---

1. 测量状态

按下"开关"键，液晶屏显示移动的"8"，蜂鸣器三声"嘟"结束时，即可松开按键，完成开机过程，进入测量状态，液晶屏显示测量数据。仪器在测量状态可以完成以下功能。

（1）实时测量功能：仪器实时测量环境中的可燃气含量。

（2）报警与消声功能：仪器有两级报警功能，报警限值可预置。当仪器检测到环境中的可燃气含量超过报警限值时，即发出声光报警信号。操作者可以按一下"▼"键关闭声报警信号，只保留光报警信号。

（3）背光功能：按一下"▲"键，液晶屏背光开启，以便于夜间观察。持续 5s 后，背光自动关闭。

（4）最大值保持功能。

开启最大值测量:按住"▼"键,直至液晶屏左下角显示"MAX"标志,此时开始测定,仪器显示的是测量过程中的最大值。

结束最大值测量:按住"▼"键,直至液晶屏左下角的"MAX"标志消失,仪器返回实时测量状态。

~~~~~~~~~~~~~~~~ 2. 校准状态 ~~~~~~~~~~~~~~~~

仪器的校准必须在清洁的空气中进行。仪器处于测量状态时,按一下"设置"键,进入校准状态,液晶屏显示闪烁的"000"。按一下"设置"键,仪器进行零点校准,结束时液晶屏显示"End",如不操作任何键,5s后自动返回测量状态。

~~~~~~~~~~~~~~~~ 3. 设置报警值 ~~~~~~~~~~~~~~~~

零位校准结束,液晶屏显示"End"时,再按一下"设置"键,则进入报警限设置。按"▲"键或"▼"键,可修改报警限值,修改完毕按一下"设置"键即可。液晶屏显示"Lo"标志,表示低限报警;液晶屏显示"Hi"标志,表示高限报警。

~~~~~~~~~~~~~~~~ 4. 标定状态 ~~~~~~~~~~~~~~~~

为保证仪器具有稳定的测量精度,仪器在使用过程中应定期进行标定。标定步骤如下。

(1) 仪器处于正常测量状态,数据显示稳定,调整标准气瓶气体流量为 200mL/min;保持气体流过传感器 1min,使显示屏读数趋于稳定。

(2) 待读数稳定后,持续按下"设置"键约 3s,直到显示"CAb"后松开按键。

(3) 继续使标准气体流过传感器,5s后显示屏显示闪烁的测量值。

(4) 如果闪烁的测量值与标准气体浓度有差异,请按"▲"键或"▼"键,将测量值修正到标准气体浓度值,然后按"设置"键,显示屏显示"End"表示标定结束,2s后仪器自动返回正常测量状态,即可关闭标准气体。

~~~~~~~~~~~~~~~~ 5. 电池充电 ~~~~~~~~~~~~~~~~

当液晶屏显示右下角出现"▱"标志时,应使用专用充电器对电池进行充电,电池充电期间红色指示灯长亮,充电完成后绿色指示灯亮。

注意:(1) 请不要在有潜在危险的环境(如毒气,易燃、易爆气体等)中进行充电。

(2) 仪器在电池欠压状况下工作时,液晶屏将显示欠压标志"▱",此时蜂鸣器不鸣叫,但可正常显示测量数据。

四、注意事项

(1) 防止气体检测仪从高处跌落或受剧烈震动。

（2）需在无腐蚀性气体、油烟、尘埃并防雨的场所使用；不要在无线电发射台附近使用或校准仪器。传感器和仪器内部要注意防水、防尘及金属杂质进入。

（3）勿使气体检测仪经常接触浓度高于检测范围以上的高浓度气体，并严禁碰撞和拆卸传感器，否则会损失传感器工作寿命。严禁用本仪器测试超量程高浓度可燃性气体（例如打火机气体），以免造成传感器永久性损坏。

（4）应在清洁的环境下完成仪器的调整或充电。若仪器长时间无反应，请关闭电源重新启动。

（5）为保证测量精度，仪器应定期进行标定，标定周期不得超过一年。

（6）正常工作环境下检测，传感器工作寿命为两年以上。

五、实验数据记录与结果处理

将特定场所测定的实验数据填入表 12-1 中。

表 12-1　可燃气体检测报警仪数据记录表

时间：		温度：		湿度：
编号	1	2	3	4
气体名称				
浓度				

六、思考题

（1）简述密闭空间可燃气体限值与测量方法。

（2）分析影响测定过程中出现误差的原因。

七、附件:气体检测——催化燃烧传感器

催化燃烧传感器主要用于检测可燃气体。它们的使用已有 50 年以上的历史。最初这类传感器用于监控采矿厂中的气体，在此之前采矿厂都是使用金丝雀来监测可燃气体。这种传感器本身设计很简单并易于制造，其最简单的形式是采用一根铂丝，正如其最初设计所使用的。全球有大量制造商在生产催化燃烧传感器，但不同制造商之间催化燃烧传感器的性能与可靠性参差不齐。

〰〰〰〰〰〰〰〰〰〰〰　1. 工作原理　〰〰〰〰〰〰〰〰〰〰〰

如果没有达到引燃温度，可燃气体混合物不会燃烧。然而，如果出现某种化学介质，这种气体可以在较低温度下燃烧或引燃，这种现象称为催化燃烧。多数金属氧化物及其化合物均有这种催化属性。例如火山岩包含各种金属氧化物，它们经常置入燃气炉中。这不仅是为了装饰，而

且能够促进燃烧过程,使炉中的燃烧更为纯净和有效。铂、钯及稀土化合物也是良好的燃烧催化剂。这就是为什么汽车排气系统要用铂化合物来处理并称为催化转换器。气体传感器也是根据催化原理制造的,因此称为催化气体传感器。

气体分子在传感器催化表面上氧化,其氧化温度远远低于正常引燃温度。所有导电材料的传导性均随着温度变化而变化,称之为温度传导系数(C_t),采用每度温度变化的百分比来表示。与其他金属相比,铂具有较大的温度传导系数。而且,其温度传导系数在 $500 \sim 1\,000$℃ 之间与温度呈线性关系,这也是传感器的工作温度范围。它可以改进传感器精度并简化电子电路。同时,铂还具有良好的机械属性和较高物理强度,可以制成细金属丝,并将金属细丝加工成小型传感器金属珠。而且,铂具有良好的化学属性,它耐腐蚀,并能长时间在低温条件下工作而不改变其物理属性,因此它能够产生长期稳定的可靠信号。

用于测量催化传感器输出的电路称为惠斯通电桥,这个名字用于纪念英国物理学家和发明家查尔斯·惠斯通(Charles Wheatstone)。惠斯通电桥常用于多种电气测量电路中,通过与已知电阻相比来测量未知电阻的电路。当气体在工作传感器表面燃烧时,燃烧热量导致温度上升,温度上升反过来又会改变传感器中测量元件的电阻。由于电桥不均衡,补偿电压被作为信号而测量。传感器中的参比元件或参比珠暴露于可燃气体期间必须保持恒定电阻,否则所测得的信号会不精确。

2. 传感器特性

传感器输出直接与氧化速度成正比。输出信号可根据理论燃烧反应化学式来计算。以甲烷为例:

$$CH_4 + 2O_2 + 8N_2 \longrightarrow CO_2 + 2H_2O + 8N_2$$

假设空气中有 1 份氧气和 4 份氮气,则 1mol 甲烷完成反应需要 10mol 空气。因此,要发生燃烧,1 份甲烷需要 10 份空气才能完成,或者从理论上来说,空气混合物中必须存在 9.09% 的甲烷。对于检测甲烷的传感器,其信号输出将按甲烷浓度的 $0 \sim 5\%$(100% LEL)呈线性反应,随着浓度接近理想值 9%,信号迅速增强并在约 10% 时达到顶点。随着气体浓度达到 20%,信号开始减弱,超过 20% 后,信号水平直线下降,反应气体浓度达到 100% 时无信号输出。

3. 影响催化传感器工作的若干因素

(1) 催化剂中毒:有些化学物质会影响传感器的活性,导致传感器丧失敏感性并最终对目标气体完全无反应。导致催化传感器中毒最常见的化学物质往往含有硅,例如普通的含有硅化合物的油和润滑剂,它们可用作机械添加剂。硫化合物(经常与气体一起释放)、氯气及重金属也可以导致传感器中毒。这种中毒的原因很难查清。有些化学物质,即使浓度极低,也会完全摧毁传感器。曾有这样的例子,实验人员擦手洗剂中含有的硅导致催化传感器发生故障。

(2) 传感器抑制剂:灭火器中使用的卤化合物及制冷剂中使用的氟利昂之类的化学物质会抑制催化传感器,并导致传感器暂时丧失功能。一般而言,暴露于环境空气 $24 \sim 48$h 后,传感器才开始重新正常工作。以上是几种抑制传感器性能的典型化学物质,但决不可视为唯一可能的抑制剂。

（3）传感器破裂：当暴露于过高浓度、过高热量及在传感器表面发生各种氧化反应时,传感器最终可能发生退化。此时可能会改变传感器的零点和跨距偏移。

（4）校正系数：催化传感器经常校正为甲烷 0～100%LEL 满刻度范围,这是最常见的。制造商一般会提供一组校正系数,供操作者测量不同的碳氢化合物,仅需将读数与适当的校正系数相乘即可获得不同气体的读数。采用甲烷作为基本校正气体的原因在于甲烷具有单一饱和键,与其他碳氢化合物相比,要求传感器在最高温度下工作。例如,目标气体为甲烷的典型催化传感器可能要求 2.5V 电桥电压来获得良好信号,而对于丁烷气体,相同的传感器仅需要 2.3V 电桥电压。因此,如果传感器设定为检测丁烷,它将不能正确检测甲烷气体。此外,甲烷是一种很常见的气体,在多种应用场合中均可见到。而且,它处理起来很方便,可以很容易地混合成各种不同的浓度。然而,应当注意的是,使用校正系数这组数字时应当非常谨慎。各种传感器之间的校正可能各不相同,即使是同一传感器,在传感器老化时,其校正系数也会发生变化。因此,要获得特定气体的精确读数,最好的方法是将传感器直接校正为目标气体。

（5）碳氢化合物混合物的 LEL 百分比：燃烧的发生必须符合要求:①可燃混合物;②氧气;③火源。有时这也称为燃烧三角。但在实际生活中,引燃可燃混合物的过程更为复杂。环境条件,如压力、温度、火源温度,甚至湿度也可以影响可燃混合物的浓度。如果涉及两种或两种以上的化学物质,甚至难以计算和确定混合物的燃烧范围。因此,考虑最恶劣的情况并相应地校正传感器才是万全之策。而且,已经校正为某种气体 LEL 百分比的传感器不一定适用于其他气体。目前市场上的许多仪器的刻度单位为 LEL 百分比,但并未标明该单位是否以甲烷为目标气体进行了校正。因此,如果该单位用于检测某些其他气体或气体混合物,所获得的数据可能毫无意义。例如,当暴露于碳含量较高的碳氢化合物中时,以甲烷为目标气体进行校正的催化传感器产生的读数可能较低,而对于红外仪器,当暴露于碳含量较高的气体中时,其读数会更高。这是气体检测设备使用中常犯的错误。

实验 13　有毒气体检测报警实验

一、实验目的

人类和生物赖以生存的环境要素之一是清洁的空气。据资料介绍,每人每日平均吸入 $10\sim12m^3$ 的空气,在 $60\sim90m^2$ 的肺泡面积上进行气体交换,吸收生命所需的氧气,用以维持人体正常的生理活动,所以如果进入工作场所的空气中存在有毒有害物质,就会直接危害劳动者的身体健康。

作业场所有毒有害物质主要来源于三个方面:①容器、管道及生产设备的泄漏;②工作场所散发的原料及生成物;③工矿企业排放的污染物。在工矿企业使用或生产的化学品中,有许多是气体、在室温下可蒸发的液体,或可转化成气态的物质,其中很多是有毒有害物质。在储存、输送和使用过程中,有时会泄漏到工作场所的空气中,如氯气、一氧化碳、苯系物、甲醇等。通常是由于设备存在轻微缺陷造成的,其泄漏量比较少,但对人的危害依然存在。有些生产过程中也散发有毒有害的气体,如人造胶合板材热压黏合过程中,尿醛胶散发大量的甲醛;生产箱包、鞋、胶带过程中,黏合剂中的有机溶剂(如苯、甲苯、己烷等)逸出;彩印业使用的油墨中的有机溶剂等。这些有毒气体会直接进入工作区,对劳动者造成危害。表 13-1 为常见的有毒气体及其接触限值,其中最常遇到的威胁生命的气体为一氧化碳与硫化氢,它们对人体的作用影响分别见表 13-2 与表 13-3。

表 13-1 密闭空间中常见的有毒气体

有毒气体	TWA/(mL/m³)	STEL/(mL/m³)	MAC/(mL/m³)	IDLH/(mL/m³)
氨气	25	35		500
一氧化碳	25		200	1 500
氯气	0.5	1		30
氰化氢		4.7		50
硫化氢	10	15		300
氧化氮	25			100
二氧化硫	2	5		100

表 13-2 一氧化碳对人体的作用

浓度/(mL/m³)	暴露时间	影响及症状
35	8h	允许暴露水平
200	3h	轻微头痛、不适
400	2h	头痛、不适
600	1h	头痛、不适
1 000~2 000	2h	思维混乱、不适
1 000~2 000	0.5~1h	行为不稳
1 000~2 000	30min	轻微心悸
2 000~2 500	30min	意识消失
4 000	>1 h	死亡

表 13-3 硫化氢对人体的作用

浓度/(mL/m³)	暴露时间	影响及症状
10	8h	允许暴露水平
50~100	1h	眼睛稍微有些不适,呼吸有点急促
200~300	1h	眼睛明显不适,呼吸急促
500~700	0.5~1h	意识消失,死亡
>1 000	几分钟	意识消失,死亡

有毒气体是生产过程中对工作人员造成危害最大的危险因素。这种危害不仅包括立即的伤害，如身体不适、发病、死亡等，而且包括对于人体长期的危害，如致残、癌变等。随气体种类不同，其 TWA、STEL、IDLH、MAC 等值一定会有不同。目前，对于特定的有毒气体的检测，使用最多的是专用气体传感器，它可以包括实验 14 所介绍的光离子化检测仪。其中，检测无机有毒气体最为普遍、技术相对成熟、综合指标最好的方法是定电位电解式方法，也就是常说的电化学传感器。本实验目的如下。

（1）了解有毒有害气体来源、危险特性、电化学传感器等方面的知识；
（2）掌握有毒气体检测仪的使用方法；
（3）准确检测给定工作场所中有毒有害气体的浓度。

二、实验仪器与测试原理

实验所选 BX 系列气体检测报警仪型号为 BX-XX，BX 为"便携"拼音字头，XX 为公司内部产品序列编号。BX 系列气体检测报警仪根据待测气体配用相应的传感器。其中 BX-01 为 CO 气体检测报警仪，BX-04 为 H_2S 气体检测报警仪，BX-06 为 Cl_2 气体检测报警仪，BX-07 为 NH_3 气体检测报警仪，BX-08 为 SO_2 气体检测报警仪，BX-09 为 NO 气体检测报警仪，BX-10 为 NO_2 气体检测报警仪，均为采用电化学传感器的定电位电解式检测器。

定电位电解检测器属于电化学检测器类别，在有毒气体检测中应用最广泛，传感器的核心是电解池，电解池中充装有电解质（如稀硫酸），其工作原理如图 13-1 所示。电解池中安装了 3 个电极，即工作电极（working electrode）、对电极（counter electrode）和参比电极（reference electrode）。电解池的工作电极左侧是气体渗透膜（如多孔质聚四氟乙烯膜），将气室和电解液隔开，含有有毒气体的被测气体通过多孔隔膜渗透进入电解池，多孔隔膜为透气憎水膜，进入气室的气体经渗透膜进入电解液，工作电极表面涂有一层重金属催化剂薄膜，测定时在工作电极和对电极之间加上足够的电压，被测气体在工作电极上被氧化或被还原，电极上氧化还原反应产生的电流，即电解电流反映了气体浓度的大小，电流经转换、放大后输出，用于指示仪表的输入信号，由显示屏直接显示浓度值，或者经控制器启动报警装置。每一种气体的氧化还原电位不同，所以测定不同气体时工作电极设定的电位也不同。定电位是指工作电极的电位可以设定，参比电极的

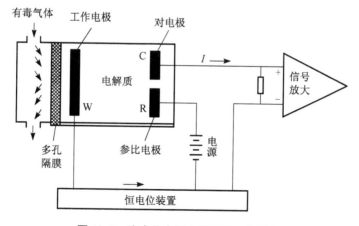

图 13-1　定电位电解式检测器工作原理

电位在测定中恒定不变,参比电极的作用是维持工作电极的电极电位恒定在设定值。工作电极与参比电极之间的电位差受到监控,电位差信号的波动和改变决定施加到工作电极的电压高低,继而保持工作电极的电位也恒定。参与电极反应的是工作电极和对电极,参比电极不参与反应。定电位电解式检测器检出限位低、灵敏度高,适合于检测 10^{-6} 级的威胁人员安全的有毒有害无机气体,不适合于检测可燃气体,能用其检测的主要气体有 CO、H_2S、NO、NO_2、H_2、Cl_2、NH_3、HCN 等。

本实验所选电化学传感器以扩散方式直接与环境中的被测气体反应,产生线性变化的电压信号。信号处理电路由以智能芯片为主的多块集成电路构成。传感器输出信号经滤波放大、模数转换、模型运算等处理,直接在液晶屏上显示被测气体的浓度值。所选仪器可设置二级报警,当气体浓度达到预置的报警值时,仪器将依据报警级别的不同,发出不同频率的声、光报警信号。仪器的工作指示灯每隔约10s闪烁一次,表示仪器工作正常。当电池电压下降到一定程度,需要更换电池时,显示屏会出现欠压信号,提示操作者更换电池。仪器主要技术参数如下。

(1) 工作环境:$-5\sim+40$℃;

(2) 相对湿度:$10\%\sim95\%$ RH;

(3) 保存温度:$-20\sim+50$℃;

(4) 电源电压:≤3V;

(5) 工作电流:≤1mA;

(6) 报警电流:≤35mA;

(7) 外形尺寸:100mm×52mm×28mm;

(8) 质量:200g。

三、实验内容及方法

(1) 电池的安装:取下电池仓盖上的螺钉,根据电池仓标识的正、负极性将电池装入电池仓卡簧内,重新合上电池仓盖,拧紧螺钉。新仪器安装电池后需放置 2h 使系统稳定。

(2) 仪器的调整:安装电池后,按"开关"键,仪器发出连续的"嘀嘀"声,显示动态的"8"字,即完成电路自检的初始化过程。传感器在极化过程中,蜂鸣器会发出鸣叫,操作者可按"消声"键终止鸣叫,节省电池。

(3) 仪器零点调整步骤:仪器的零点调整可用标准空气瓶或在清洁的空气环境中进行。按一下"设置"键,液晶屏显示闪烁的"000"。再按一下"设置"键,显示"End",表示仪器零点调整结束(如不操作任何键,5s后仪器返回正常测量状态)。

(4) 为保证仪器具有稳定的测量精度,仪器在使用过程中应定期进行标定。仪器标定步骤如下。

① 仪器处于正常测量状态,数据显示稳定,调整标准气瓶气体流量为 200mL/min;保持气体流过传感器90s,使显示屏读数趋于稳定。

② 待读数稳定后,持续按下"设置"键约3s,直到显示"CAb"后松开按键。

③ 继续使标准气体流过传感器,5s后显示屏显示闪烁的测量值。

④ 如果闪烁的测量值与标准气体浓度有差异,请按"▲"键或"▼"键,将测量值修正到标准气

体浓度值,然后按"设置"键,显示屏显示"End"表示标定结束,即可关闭标准气体。2s后仪器自动返回正常测量状态。

（5）仪器报警点的调整:调零结束后,按一下"设置"键,显示器闪烁显示的为一级报警值;再按一下"设置"键,显示器闪烁显示的为二级报警值。如操作者需修改,可在报警值闪烁显示状态下按"▲"键或"▼"键调整。设置结束,操作者按一下"设置"键,使设置的数值得到确认,仪器会自动返回正常测量状态。

（6）气体最大值的测量:仪器具有显示并保持最大值的功能,使用方法是在正常测量状态下,持续按"▼"键,液晶屏下方出现"MAX"标志时,即可显示此次开机后测量的最大值。若要返回正常测量状态,再持续按"▼"键,液晶屏下方"MAX"标志消失时,即返回正常测量状态。

四、注意事项

（1）不可超量程使用仪器,以免造成传感器永久性损坏。

（2）应在安全的环境下完成仪器的调整。

（3）不得在检测现场进行仪器维修或更换电池。请不要在有潜在危险的环境（如毒气,易燃、易爆气体等）下安装电池。

（4）传感器和仪器内部要注意防水、防尘及防止金属杂质进入。

（5）不要在无线电发射台附近使用或校准仪器。

（6）现场使用必须戴防静电皮手套。

（7）电路器件不得随意更换。

五、实验数据记录与结果处理

将特定场所测定的实验数据填入表13-4中。

表13-4　有毒气体检测报警仪数据记录表

时间:		温度:		湿度:	
气体名称					
浓度(MAX)					

六、思考题

（1）有毒气体代表的是一类什么物质？来源有哪些？

（2）简述电化学式气体检测仪的工作原理。

（3）分析影响测定过程中出现误差的原因。

实验 14　工作场所有机蒸气泄漏检测实验

一、实验目的

挥发性有机化合物 VOC(Volatile Organic Compounds)是一组沸点为 50～260℃、室温下饱和蒸气压超过 133.322Pa 的易挥发性化合物。VOC 存在于化学制品和石化产品的精炼厂、仓库、加工场所、公共场所和居室内及其他很多产业。工作环境中 VOC 会带来多种隐患,很多发生事故的有害物质都是 VOC。越来越多的 VOC 已经被国内外机构和组织列入密闭空间进入必须检测的名录之中。挥发性有机气体在室温下很容易蒸发,这类物质包括溶剂、油漆稀释剂、苯、丁二烯、己烷、甲苯及同燃料(如汽油、柴油、民用燃油、煤油和喷气发动机燃料)有关的蒸气。而随着人们对安全和环保的重视,人们期望分析仪器走出实验室,在野外和现场对周围的环境所接触的低浓度的化学物质能高灵敏度、高分辨率地进行快速分析和监测;分析样品不用前处理而直接监测;分析仪器体积小便于携带;价格低便于推广。目前,现场监测有机化合物的方法有很多,比如检测管、便携式光子化检测器、便携式气相色谱、便携式色质联机等,它们各有优缺点。光离子化气体分析仪器 PID(Photo Ionization Detector)可以检测极低浓度(0～1 000ppm[①])的挥发性有机化合物和其他有毒气体,在应急事故检测中有着无法替代的用途。有关 PID 的详细特性请参看本章附件。

PID 目前已被广泛应用于石油、化工、环保、航天、医药、卫生、农药、食品等行业的痕量分析和污染监测。例如:食品行业中食用油中残留溶剂的直接测定、含氯化合物的测定、食品鲜度检验;化工行业中化工厂微量有毒有害气体泄漏的监测、包装容器痕量微漏检测、涂料中挥发性有毒溶剂的分析测定;烟草行业中香烟的烟叶农药残留量及香精香料中痕量有机溶剂的测定;航天行业中航天飞行器与潜艇密封舱内空气评价,以及环保行业中化学物质的测试和工作环境、工作场地空气质量评估等。PID 可以不需费钱费时的实验室测试就能定义污染物质存在的能力,使得光离子化检测器在应急事故处理中发挥着更加广泛的作用。本实验目的如下。

(1) 掌握挥发性有机气体、光离子化等概念;

(2) 学会挥发性有机气体检测仪的使用方法;

(3) 准确检测给定环境中挥发性有机气体的浓度。

二、实验原理

所有的元素和化合物都可以被离子化,但所需能量有所不同,而这种可以替代元素中的一个电子,即将化合物离子化的能量被称之为"电离电位"(IP),它以电子伏特(eV)为计量单位。由紫外灯发出的能量也以 eV 为单位。如果待测气体的 IP 低于灯的输出能量,那么,这种气体就可以被离子化。PID 的工作基于电化学的原理,即物质分子可带上正负电荷,从而可形成电流。这一

---

① ppm 为已废除浓度单位,相当于 10^{-6} 浓度水平,现国外仪器示数仍显示"ppm",故保留,特此说明。

特点可通过几种方法来实现,在 PID 中所使用的是高能紫外光。

PID 使用了一个紫外灯光源将有机物离子化为可被检测器检测到的正负离子。检测器测量离子化了的气体的电荷并将其转化为电流信号,电流被放大并显示出"ppm"浓度值。在被检测后,离子重新复合成为原来的气体和蒸气。PID 是一种非破坏性检测器,它不会"燃烧"或永久性改变待测气体,因此,经过 PID 检测的气体仍可被收集做进一步的测定。图 14-1 是光离子化气体检测仪工作原理图。

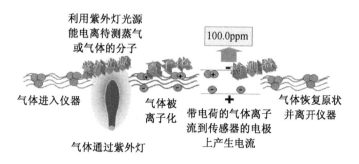

图 14-1　光离子化气体检测仪工作原理

PID 可以测量 0.1~2 000ppm 的 VOC 和其他有毒气体。PID 是一个高度灵敏的宽范围检测器,可以看成一个"低浓度 LEL 检测器"。如果将有毒气体和蒸气看成是一条大江的话,即使你游入大江,LEL 检测器可能还没有反应,而 PID 则在你刚刚湿脚的时候就能告知你。

本实验所选仪器 ToxiRAE 配置的光电离探测器可以敏感地对多类挥发性有机污染物进行监测。空气样品进入 UV 灯前面的离子化腔(传感器),UV 灯将气体分子离子化,电子测量计测量被离子化的离子和电子在电场作用下形成的电流。单片微机用来控制灯及警报蜂鸣、液晶显示、采样泵、电源和其他电子电路,通过测量到的电流量计算被测气体的浓度(图 14-2)。ToxiRAE 是一个可编程的专用 PID,可以被用来对危险或工业环境中有毒有害的有机气体进行连续测量,它可以测量两类毒

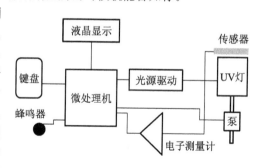

图 14-2　ToxiRAE 仪器的主要部件结构

物:①电离电位小于 10.6eV 的有机气体;②电离电位小于 11.7eV(选购件)的有机化合物。ToxiRAE 特别适合于石油化工、矿山、冶金、防化、消防、医学、环保、卫生防疫、危险品运输、城市地下管道作业等领域的安全监测,它的特点如下。

(1) 体积小、携带方便,0.5kg,口袋大小,按人体工学设计的 ToxiRAE,可方便地佩带在口袋或腰带上;

(2) 使用方便:菜单式直观操作、界面友好、操作简单、使用灵活;

(3) 可编制警报极限,自动鸣叫并闪灯、带背景灯的直观显示;

(4) 可连续工作 10h,抗射频干扰;

(5) 本质安全:UL 和 cUL(I 级、I 类,A、B、C、D 组),ATEX(EEx ia IIC T4)。

ToxiRAE 键及显示:图 14-3 为仪器 LCD 显示及在仪器前面板上的键钮。3 个键的功能

如下。

键及其一般功能	
[MODE]	开/关 电源,选择不同功能
[N/—]	开关背景灯
[Y/+]	在手动模式下开关数据采集

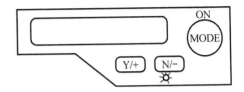

图 14-3　键盘与显示

三、实验内容及方法

~~~~~~~~~~~~~~~~~~~~~~ 1. 开/关 电源 ~~~~~~~~~~~~~~~~~~~~~~

（1）打开电源:按[MODE]键,仪器将发出一声鸣叫,显示"n..."然后是"Ver-n, nn"显示版本号,仪器进行自检程序,检查仪器的关键部件,显示"Diagnose"自检。在自检结束后红色背景灯亮,红色背景灯将闪亮一次、蜂鸣一次以保证功能正常。

（2）仪器开机后显示四个预置警报值、电池电压及可用数据存储空间。大约20s后,在显示屏显示出连续气体浓度值,仪器开始准备测量。

（3）关闭电源:按住并保持[MODE]键5s,蜂鸣出现,直至显示"OFF...",3s后释放该键,屏幕变黑,表明仪器关闭。当仪器关闭时,所有的当前数据,包括 TWA、STEL、峰值都将被去除。

~~~~~~~~~~~~~~~~~~~~~~ 2. 读数显示 ~~~~~~~~~~~~~~~~~~~~~~

短促按[MODE]键可选择不同的显示内容。仪器具有8位数字 LCD 显示,它可以显示出下面8种读数:即时气体浓度、TWA、STEL、峰值、电池电压、运行时间、提示检测警报信号和计算机通信。

（1）即时读数:是气体以 ppm 为单位的当前浓度读数,该值每秒刷新一次,在 LCD 上显示"nn. nppm"。

（2）TWA——时间加权平均值:是指开机后8h内浓度的平均值。每分钟刷新一次读数,显示"TWAnn. n"。

（3）STEL——短期暴露水平:这是最近15min内气体浓度的平均值,该读数每分钟刷新一次,显示"STELnn. nppm"。

（4）峰值:这是指开机后气体浓度的最大读数,每秒刷新一次,显示为"Peaknn, n"。

（5）电池电压值:即目前电池电压值,每秒刷新一次,显示"BAT=2.4V"。全充满的电池电压应当是2.8V,一旦电池电压降至2.2V,仪器将给出警报"Bat"闪动。当电池电压低于2.0V时,仪器自动关闭。

（6）运行时间:仪器累积自开机以来的时间,显示"Run Time"和"nn:nn"。

（7）"Test"模式允许操作者检测蜂鸣和 LED 警报是否正常。此时按[Y/+]键可使仪器鸣叫一声,LED 闪动一次。

(8) PC Comm?:是否与计算机通信,用于同计算机连接的"PC Comm?"提示。

这 8 种读数是以循环方式安排的:即时读数 ⇒ TWA ⇒ STEL ⇒ 峰值测量 ⇒ 电池电压 ⇒ 运行时间 ⇒ Test ⇒ PC Comm? ⇒ 即时读数。

可用[MODE]键选择读数,每按动一次即进入下一个读数。例如,按[MODE]键一次,显示 TWA 值,按[MODE]键两次,则显示 STEL 值,等等。在所有的模式下,在 1min 间隔内不按任何键时,仪器将自动恢复至连续测定状态。

3. 警告信号

仪器的内置微机不断地更新和监测当前的气体浓度值并且将其同预置的警报限值(TWA,STEL,两个峰值)相比较,一旦气体浓度超限,仪器将立即发出声光警告。

不论何时,一旦电池电压低于 2.2V 或放电灯损坏或传感器损坏时,仪器都将发出声光警告。当出现电池警告时,操作者还有 20～30min 的使用时间,当电池电压低于 2.0V 时,仪器会自动关闭。警报信号一览表见表 14-1。

表 14-1　警报信号一览表

条　件	警报信号
气体浓度超过 Peak♯2	3 声蜂鸣　闪动/每秒
气体浓度超过 Peak♯1	3 声蜂鸣　闪动/每秒
气体浓度超过 STEL	一声蜂鸣　闪动/每秒
气体浓度超过 TWA	一声蜂鸣　闪动/每秒
传感器失效	3 声蜂鸣　闪动/每秒;闪烁显示"Err…"
电池电压太低	每秒闪动一次,每分钟一声蜂鸣加显示"Bat"
记忆满	一声蜂鸣　闪动/每秒;显示"Mem"

4. 校准

ToxiRAEPID 仪器是口袋式有机气体监测/采样器。不论何时,它都可以给出实时测量值,并当气体浓度超过预置限值时发出警告。在出厂之前,仪器已经预置了缺省警告限值,传感器也已用 100ppm 的异丁烯校正,充电完全后,仪器随时可以使用。

需要强调的是,在实际应用中,如果仪器用于测定某一特定的挥发性有机化合物,则需用与被测相同的气体标准物质进行校准。也可采用仪器厂家提供的校正系数,使用校正系数可能受到环境条件,比如温度和湿度的影响,尤其是湿度。尽管水蒸气(IP 为 12.59eV)不能被 PID 灯离子化,但水蒸气可以在离子化腔中反射、散射和吸收紫外线,因此,水蒸气对于低浓度的污染物读数还是会有阻碍的。在编程状态下,操作者可以重新校正仪器,需采用"零气体"和标准参考气进行两点校正。首先,用一个"零气体",即不含可检测气体和蒸气的气体来设定零点;然后用一种已知浓度的标准气体(或称扩展气体)来标定另一点。

四、实验数据记录与结果处理

将特定场所测定的实验数据填入表14-2中。

表 14-2　挥发性有机气体检测报警仪数据记录表

时间:	温度:		湿度:	
气体名称				
测定方法				
仪器测量值				
校正系数 CF				
浓度(Peak)				
浓度(STEL)				

五、思考题

(1) 挥发性有机物代表的是一类什么物质？来源有哪些？

(2) 分析影响测定过程中出现误差的原因。

六、附件:光离子化检测器

PID 可以检测极低浓度(0～1 000ppm)的挥发性有机化合物 VOC 和其他有毒气体。很多发生事故的有害物质都是 VOC,因而对 VOC 检测具有极高灵敏度的 PID 在应急事故检测中有着无法替代的作用。

～～～～～～～～～～～～～～　1. 检测范围　～～～～～～～～～～～～～～

(1) PID 到底能测量哪些物质？

可以被 PID 检测的是大量的含碳的有机化合物,包括如下几种。

① 芳香类:含有苯环的系列化合物,如苯、甲苯、萘；

② 酮类和醛类:含有 C═O 键的化合物,如丙酮；

③ 氨和胺类:含 N 的碳氢化合物,如二甲基胺；

④ 卤代烃类；

⑤ 硫代烃类；

⑥ 不饱和烃类:如烯烃；

⑦ 醇类。

(2) PID 不能测量哪些物质？

放射性物质,空气(N_2、O_2、CO_2、H_2O),常见毒气(CO、HCN、SO_2),天然气(甲烷、乙烷、丙烷等),酸性气体(HCl、HF、HNO_3),氟利昂气体,臭氧,非挥发性气体等。

(3)什么是校正系数?

校正系数(CF,也称之为响应系数)是使用 PID 时特别要注意的一个参数。它代表了用 PID 测量特定气体的灵敏度。它用在当以一种气体校正 PID 后,通过 CF 直接得到另一种气体的浓度,从而减少了准备很多种标准气体的麻烦。

CF 代表了测量的灵敏度,CF 值越低,该种气体或蒸气的灵敏度就越高。苯的 CF 值是 0.53,它的检测灵敏度大概是 CF 为 9.9 的乙烯的 18 倍。通常情况下,PID 可以很好地测定 CF 为 10 以下的各种物质。仪器生产公司可以向操作者提供各种物质的 CF 表格,同时还在仪器的微处理器中存储了一些常见物质的 CF 值。

在测量纯气体时,可以用 CF 调整仪器的灵敏度。校正系数通过与校正气体比较得到待测气体的浓度。例如:苯的灵敏度大约是常用校正气体(CF=1.00)的两倍,这样一来,当用异丁烯校准过的仪器测量 2ppm 的苯时,可以用仪器读数直接乘以 0.53,就会得到苯的实际浓度 2ppm;另外,还可以将仪器的校正系数设定为 0.53,从而从仪器上直接得到苯的浓度。

PID 的微处理器可以自动存储并使用很多气体的 CF,这样就可以预置这些参数,使仪器自动读出待测气体的浓度。校正系数随不同的仪器和制造商可能会有些不同,所以建议操作者使用制造商提供的校正参数。选择一个可以提供比较多 CF 的制造商也是应当考虑的问题。

(4)如何知道 PID 能否测量某种气体?

首先,看气体的 IP 是否比 PID 灯的输出能量低:如果是,进行下面的第二步;如果不是,则 PID 无法检测到它。如果不知道气体的 IP,那么需要询问制造商。PID 灯能量有 9.8eV、10.6eV 和 11.7eV 三种。

其次,看 CF 值是否小于 10,如果是,则 PID 是一种最佳的测量手段;如果不是,则 PID 可能不能准确地测定该种气体,但 PID 仍然可以作为一个比较好的估计和检测的工具。如果不知道气体的 CF 值,那么需要询问制造商。

～～～～～～～～～～～～～ 2. 使用说明 ～～～～～～～～～～～～～

(1)选择性和灵敏度

PID 是一种可以在 ppm 水平检测得非常精确和灵敏的检测器。然而,PID 不是一种具有选择性的检测仪器。它区分不同化合物的能力比较差。为形象化地说明这个问题,我们用一把尺子来举例。用于测量一张纸的宽度的尺子可以说是一个灵敏和精确的工具,但它却无法区分灰色和白色纸之间的区别。因此,如果你要想知道灰色纸的宽度,首先要选择合适的纸张。我们用我们自己的头脑来选择灰色的纸,同样,如果你要测量黄色纸的宽度,首先你要用你的头脑来选择黄色纸。

PID 类似于这把尺子,它可以告诉你有多少气体和蒸气存在,但我们要用自己的头脑去判断是什么气体和蒸气存在。当我们接近一个未知的化学泄漏地点时,此时的 PID 还是用异丁烯标定的。一旦我们通过标记、货物清单、运单或其他方式知道了化学物质的种类,就可以调整 PID 的灵敏度直接读出待测物质的浓度。例如,如果我们用异丁烯校正的仪器测量 1ppm 的苯,仪器显示是 2ppm,因为后者的灵敏度是前者的两倍。一旦我们确认了化学物质是苯,就可以将 PID

的灵敏度调整到苯的校正系数,此时,仪器就可以准确地测量 1ppm 的苯含量。

（2）PID——精巧严谨的出色工具

PID 是可以用于应急事故中灵敏、精确地测定各类化学品的出色手段。正如放大镜的发现使我们更清晰地辨认指纹,PID 可以让救援人员立即检测出危险物质的存在并可进一步地对其定量测量。放大镜是无法自己认定指纹的,但出色的检验人员就可以利用放大镜头更快更准地进行判断。对于有毒气体也是一样,PID 无法自行判定有毒气体或蒸气,但有经验的救援人员却可以利用 PID 更快地进行判断并且可以进行准确的测定。由于人们越来越关注低浓度的化学品泄漏问题,PID 准确的现场测量为救援人员提供了一个极好的帮助。PID 可以帮助他们在处理大多数的应急事故时进行确认和检测。

一个 PID 可以看成是没有分离柱的气相色谱仪,因而 PID 可以提供极佳的精确度。许多人认为：尽管 PID 对很多 ppm 级的有毒化合物具有很好的灵敏度和准确度,但它由于缺乏选择性而用途不大。其实,大多数的其他方法,包括比色管、MOS 传感器和 FID 检测器的选择性也不是很好。PID 的优势正是在于它没有选择性,它是一种小巧的、连续测量的检测器,它可以为工作人员提供实时的信息反馈。这种反馈可以使工作人员确认他们处于没有暴露于危险化学品之中的安全状态而更好地完成他们的任务。就如同摄像机一样,PID 是连续测量的,并且它的结果还可以记录（采集数据）或者立即"回放"（浏览数据）。

（3）为什么 PID 还不是那么普遍？

1970 年,PID 已经开始从实验室走到现场用于化学品污染的调查。但当时,PID 有如下缺点：比如购置和维护费用较高、承受力较差、体积重量较大、使用起来还很麻烦、对湿度和辐射较为敏感等。这些都限制了 PID 在应急事故处理中更为广泛的应用。而由于 PID 可以不需费钱费时的实验室测试就能定义污染物质的存在的能力还是使得 PID 成为很多环境清理工业中不可缺少的工具。正是因为它的极佳的检测能力,某些应急事故处理队也认定 PID 对他们非常重要。现在,PID 已经成为最为有利的检测有机化合物的工具。PID 技术上的突破克服了原有 PID 的缺点从而为应急事故处理提供了迄今最为有力的工具。

3. 使用领域

PID 具有在各种情况提供精确测量的能力,使其可以在以下的有机化合物测量过程中发挥重要作用。

（1）初始个人防护确认

在接近可能的事故发生地之时,救援人员必须首先确认个人防护设备,有些"可能"的事件也许并不是事故而无需任何个人防护;而有些事故开始并没有任何污染迹象,但却需要特别的个人防护。还没有哪个检测器可以为救援人员提供所有的答案,但 PID 却能为此提供圆满解决方案。对于很多事故,PID 可以让救援人员确定自己周围是否存在有毒气体或蒸气。一个铁路工作人员向应急救援中心报告：在湿热环境（35℃，95％RH）中,一辆罐车发生泄漏。根据描述,这个罐车装载的是液苯。由于苯的毒性（个人暴露浓度水平为 1ppm）,救援人员决定采用 A 级防护。但是,由于所处的温度很高,穿戴这样的装备会给救援人员带来高热伤害。最后经过各种努力,确认"泄漏"的罐车下面的滴液是冷凝下来的水滴而不是泄漏出来的苯。原来,该罐车曾存放在 20℃ 的库房中,内部液苯的低温加上外面的高温和高湿度导致了水的冷凝。实际上,使用 PID 就可以帮助救援人员很容易确认是否有"可离子化"蒸气存在。因为根据记录,已知罐车中装的是苯,而苯是非常容易"离子化"的。救援人员就可以用 PID 判断是否有苯蒸气存在。这样,不仅减少了确定泄漏的费用,而且避免由于穿戴 A 级防护服带来的高热伤害。

（2）用 PID 进行泄漏检测

通常,泄漏并不是很容易看得到,而在有效制止泄漏之前,一定要确定泄漏的地点。任何情况下,任何气体或蒸气都是从其源头扩散出来的,而在扩散以后,则会被周围的空气稀释直到某些地方检测不到该物质的存在,也就是说存在一个浓度梯度,即当气体完全扩散后,由浓度最高的源头到稀释为零。用 PID 可以测量并且"看到"很多气体和蒸气的浓度梯度,并且跟随浓度的增加发现源头。PID 泄漏检测能力不仅可以快速找到危险源头,而且可以节省很多时间和费用。

（3）使用 PID 进行危险范围确认

当应急事故人员接近了事故地点后,就要根据气体或蒸气的毒性、温度、风向和其他因素决定危险范围。然而,危险范围的确认通常是由没有很多经验的人员人为设定的。当条件变化时,由于外围人员没有识别条件变化的经验而无法随时调整危险范围。而此时,经验丰富的应急事故处理人员还在集中力量于漏液本身。这样,外围人员就有可能由于条件的变化而处于危险状态,此时需要外围人员撤退出来了。对于大多数的事故,使用 PID 就可以随时根据条件的变化来改变危险范围的划定。PID 可以随时为外围人员提供实时的警报以备从危险地带撤退。一个实际事故的示例:在清晨,由于温度不高,风力不大,所有倾覆的有毒液体罐车的泄漏范围还不是很大;但到了中午,由于温度和风向的变化,原来认为是安全的地方,现在已经处于十分危险的境地。而这种随时的变化,用 PID 是很容易加以检测的。

（4）数据采集的工具

利用 PID 的数据采集功能,应急救援人员可以得到现场暴露浓度水平的详细记录及确认事故起因的判据。一旦事故发生,工作人员就可以进行记录。

（5）PID 作为漏液确认

在事故现场可能会有各种各样的液体存在,比如水、燃料、机器油及灭火泡沫等,此时,使用 PID 就可以迅速判断液体的种类从而节省很多时间。PID 可以迅速反映漏液是危险物质还是仅仅是水或其他非挥发性物质。

（6）使用 PID 进行污染情况判断

危险物质对人的危害是不言而喻的,在事故现场工作后,要迅速确认工作人员是否受到危险物质的污染,或者该污染已被彻底消除。同时,工作人员还需要迅速判断哪些防护服未被污染而可以继续使用。用 PID 就可以快速解决这些问题。对于受到污染的地方,PID 会立即给出正响应,而对那些已清理干净或未被污染的地方则没有反应。在燃料泄漏事故中,消防人员经常会遇到防护服沾染很多汽油的情况,这对于消防人员自身是非常危险的。用 PID 就可以快速判断这种危险是否存在。

（7）使用 PID 进行善后工作

任何应急事故处理的最终目的都是对漏液进行控制和清除。危险物质通常是对周围的水和土壤产生污染。相关单位（社区、州、县）都要确认这些污染的浓度以便决定是否进行进一步的善后工作。如果仅仅是油料泄漏而且又已经被道路完全吸收的话,就没有必要再进行处理了。然而,如果油料已经污染了周围的土壤和水体,情况就不同了。有些法规要求 TPH（Total Petroleum Hydrocarbons,全石油碳氢物）在 100ppm 以上就需要做进一步处理,而如果低于该值则无需处理。此时,PID就成为应急事故人员的一个最为有效的工具,他们可以迅速对土壤进行测定并做出判断,从而不会失去决定的时机。

实验 15　红外测温法测定密闭空间温度实验

一、实验背景与目的

温度是度量物体冷热程度的物理量,在生产生活和科学实验中占有重要的地位,是国际单位之中的基本物理量之一。从能量角度来看,温度是描述系统不同自由度的能量分布状况的物理量。从热平衡角度来看,温度是描述热平衡系统冷热程度的物理量。从微观上看,温度标志着系统内部分子无规则运动的剧烈程度。温度高的物体分子平均动能大,温度低的物体分子平均动能小。研究表明,几乎所有的物质性质都与温度有关,例如尺寸、体积、密度、硬度、弹性模量、破坏强度、电导率、磁导率、光辐射强度等。利用这些性质及其随温度变化规律可进行温度测量。

在自然界中,当物体的温度高于绝对零度时,由于它内部热运动的存在,就会不断地向四周辐射电磁波,其中就包含了波段位于 $0.75\sim100\mu m$ 的红外线,红外测温仪就是利用这一原理制作而成的。温度是工业生产中很普遍、很重要的一个热工参数,许多生产工艺过程均要求对温度进行监视和控制,特别是在化工、食品等行业生产过程中,温度的测量和控制直接影响到产品的质量和性能。传统的接触式测温仪表如热电偶、热电阻等,因要与被测物质进行充分的热交换,需经过一定的时间后才能达到热平衡,存在着测温的延迟现象,在高温、远距、腐蚀、带电、导热差、目标微小、动体及温度动态监测等许多场合无法进行测温,故在连续生产质量检验中存在一定的使用局限。表 15-1 列出了常用的测温方法和特点,其中红外测温作为一种常用的测温技术显示出较明显的优势。

表 15-1　常用测温方法对比

测温方法	温度传感器	测温范围/℃	精度/%
接触式	热电偶	−200～1 800	0.2～1.0
	热电阻	−50～300	0.1～0.5
非接触式	红外测温	−50～3 300	1
其　他	示温材料	−35～2 000	<1

红外测温是利用被测物体辐射的红外线来确定其温度的,所以这种测温方法具有其他测温方法无可比拟的优点,具体如下。

(1) 红外测温是非接触式测量,因此它可以用于温度过高或过低、高电压的区域及高速运转的机械温度的测量,而测量者不必靠近这些危险的环境。

(2) 红外测温反应速度快。因为它不像普通温度计,要等待温度计内测温物质与被测物体达到热平衡,而只要接收到被测物体的红外线即可。反应时间一般在微秒级至毫秒级。

（3）红外测温灵敏度高。根据黑体热辐射定律 $M_0(T) = \sigma T^4$，物体辐射能量与温度 4 次方成正比，所以只要温度有微小的波动，辐射能量就会有明显的变化。

（4）红外测温精确度高。由于是非接触式测量，这样测量过程不会改变被测物体的温度，所以测量结果真实可靠。

（5）红外测温范围大。红外测温的原理决定了其测温范围大于普通温度计的测温范围。现在实用的红外测温仪一般分为高、中、低三类，测温范围分别为：700℃ 以上、100～700℃、100℃ 以下。

在许多工业场合，由于密闭空间的危险、复杂作业环境，导致密闭空间作业人员伤亡事故屡屡发生，密闭空间中对有害气体的检测中，一个非常重要的提示是现场周围环境的温度变化。动火检测以后温度的提高会显著增加蒸气的量。温度升高的因素包括：太阳光对空间外表面的照射；一般的工作行为（焊接、研磨、切割、钻孔等）导致局部加热过程。温度增加会使得危险性增加，如果不注意这一点，就会导致工作过程中的爆炸和火灾。例如，在 10℃ 时，乙醇的蒸气不会达到点燃程度；而在 21℃ 时，乙醇蒸气就很容易被点燃。另一个问题是采样温度，密闭空间的温度一般要比仪器放置地点的温度高，如果此时测量一些高闪点的物质，温度的差异可能会导致蒸气在采样管内冷凝为液体。此时，只能检测气体或蒸气的传感器读数可能会急剧下降。因此，远程监测密闭空间中有害气体的成分时，有必要同时检测密闭空间的温度。本实验目的如下。

（1）了解红外测温的基本原理和方法；

（2）掌握红外测温仪的使用，并能正确测定给定密闭空间的温度。

二、实验原理

物体处于热力学温度零度以上时，因为其内部带电粒子的运动，物质能量以不同波长的电磁波的形式向外辐射，波长涉及紫外、可见与红外光区。物体的红外辐射量的大小和分布与它的表面温度有着十分密切的关系。因此，通过物体自身红外辐射能量便能准确地确定其表面温度。这就是红外辐射测温所应用的原理。人的眼睛对红外辐射不敏感，要用对红外敏感的探测器才能接收到。红外辐射的本质是热辐射。热辐射包括紫外光、可见光辐射，但是波长 $0.76 \sim 40 \mu m$ 的红外辐射热效应最大。

自然界中一切温度高于绝对零度的有生命和无生命的物体，时时刻刻都在不停地辐射红外线。辐射的量主要由物体的温度和材料本身的性质决定；热辐射的强度及光谱成分取决于辐射体的温度。黑体红外辐射的基本规律揭示的是黑体发射的红外热辐射与温度及波长的定量关系。黑体是一种理想物体，它们在相同的温度下都发出同样的电磁波谱，而与黑体的具体成分和形状等特性无关。斯特藩和玻耳兹曼通过实验和计算得出黑体辐射定律：

$$M_0(T) = \sigma T^4 \tag{15-1}$$

式中　$M_0(T)$——温度为 T 时，单位时间从黑体单位面积上辐射出的总辐射能，称为总辐射度；

　　　　σ——斯特藩-玻耳兹曼常量；

　　　　T——物体温度。

上式是黑体的热辐射定律。实际物体（非黑体）的辐射定律一般比较复杂，需借助于黑体的辐射定律来研究。

设被测物体的温度为 T 时,总辐射度 M 等于黑体在温度为 T_F 时的总辐射度 M_0,即:

$$M = M_0$$

$$\sigma T_F^4 = \varepsilon \sigma T^4$$

化简得

$$T = T_F \sqrt[4]{\frac{1}{\varepsilon}} \tag{15-2}$$

其中,ε 为发射率,不同物体的发射率不同,不同材料的 ε 值可通过查表或实验得到;T 为被测物体的辐射温度,所以已知被测物体的 ε 和 T_F,就可算出物体的真实温度 T。

三、红外测温仪结构

红外测温的方式可分为全场分析和逐点分析两种。全场分析是用红外成像镜头把物体的温度分布图成像在传感器阵列上,从而获得物体空间温度场的全场分布,全场分布探测系统称为热成像仪。逐点分析则是把物体一个局部区域的热辐射聚焦在单个探测器上,并通过已知物体的发射率,将辐射功率转化为温度,逐点分析系统常称为红外测温仪。由于被检测的对象、测量范围和使用场合不同,红外测温仪的外观设计和内部结构不尽相同,但基本结构大体相似。

红外测温仪由光学系统、光电探测器、信号放大器及信号处理、显示输出等部分组成。光学系统汇聚其视场内的目标红外辐射能量,视场的大小由测温仪的光学零件及其位置确定。红外能量聚焦在光电探测器上,探测器的关键部件是红外线传感器,它的任务是把光信号转化为电信号;该信号经过放大器和信号处理电路,并按照仪器内置的算法和目标发射率校正、环境温度补偿后转变为被测目标的温度值。除此之外还应考虑目标和测温仪的环境条件,如温度、气压、污染和干扰等因素对其性能的影响和修正方法。红外测温仪的工作流程如图 15-1 所示。

被测物体 → 光学系统 → 光电探测器 → 信号放大器 信号处理器 → 显示输出

图 15-1　红外测温仪工作流程图

四、实验内容及方法

~~~~~~~~~~~~~~~~ 1. 操作测温仪 ~~~~~~~~~~~~~~~~

要测量温度,将测温仪对准目标并扣动扳机,其中可以使用激光指示器来帮助测温仪瞄准。另外还可以插入 K 型热电偶探头进行接触式测量,一定要考虑距离与光点直径比和视场(请参见"距离和光点直径"和"视场")。温度读数显示在显示屏上。

注意:激光仅用于瞄准,与温度测量无关。测温仪具备自动关机功能,在20s无活动后会自动关闭。若需启动测温仪,扣动扳机即可。

2. 距离与光点直径

测温仪器所测区域的光点直径(S)随被测目标距离(D)的增大而增大。测温距离与光点直径之间的关系如图15-2所示。光点直径表示90%的能量圈。

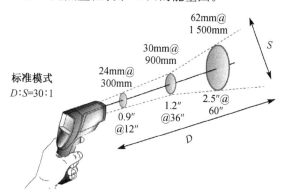

图 15-2　测温距离与光点直径之间的关系

3. 视场

为了获得准确的测量值,要确保被测目标大于测温仪的光点直径。目标越小,距离测温仪应越近,如图15-3所示。

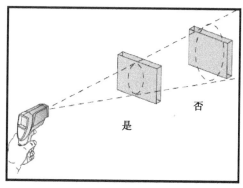

图 15-3　目标与光点直径的关系

4. 发射率 ε

发射率描述了材料辐射能量的特性。大多数有机材料和涂有油漆或氧化的表面具有0.95的发射率(在测温仪中预先设定),也可根据测定材料自行设定发射率。测量光亮或抛光的金属表面将导致读数不准确。解决方法是调整仪器的发射率读数,或用遮盖胶带或黑色油漆盖住测定表面($<148℃/300℉$)。让胶带或油漆有足够时间达到与其覆盖材料相同的温度,然后测定胶带或油漆的表面温度。

五、实验数据记录与结果处理

将密闭空间测定的实验数据填入表 15-2 中。

表 15-2　红外测温仪测定密闭空间的温度数据记录表

时间:　　　　　　测试地点:　　　　　　温度:　　　　　　湿度:

编号	1#	2#	3#	4#
密闭空间名称				
温度/℃				

六、思考题

(1) 如何进行测温仪发射率的选择与设定?
(2) 分析影响测定过程中出现误差的原因。

实验 16　表面静电测试实验

一、实验背景与目的

虽然静电效应是电学中最早通过实验得到验证,但在现代制造工业中静电却仍被视为"无名火"。一般工业界对静电危害防治技术可谓相当陌生,常常发生许多误解或误用防治方法而不自知,以致未能防范静电危害事故的发生。在大部分工业中都会有静电荷的累积,轻则使人感到不舒适,重则对人体造成伤害,甚至在易燃性气体、液体和粉尘的装卸与输送过程中,产生火灾爆炸事故。尤其在某些具有潜在静电危害的行业,如化学、石油、涂料、塑料、制药、食品、印刷和电子等行业,因为生产所用众多材料在摩擦、分离过程中,不可避免地会产生静电荷,且多数材料属于高电阻率的静电绝缘体,不能自动导出电荷,因而易聚积电荷而产生很高的静电电位,容易引起静电危害事故。这些静电危害事故的发生一定都具有下列发展过程,首先因摩擦、感应或传导等方式产生静电,继之不同极性的电荷蓄积在设备、人员身体或产品上,电荷又不断累积以至于造成放电现象,且静电放电所释放的能量,足以引燃周围的易燃性物质时,就会造成火灾或爆炸。例如静电积累的能量就远远超过汽油的最小点火能 0.21mJ 和黑色火药的最小点火能 0.19mJ。

　　多年前在某化学工厂中曾有一位作业人员将小铁桶装满甲苯时发生了火灾。首先他将小铁桶的塑料把手挂在管路阀件上,打开阀件后不久就看到甲苯起火燃烧,他赶快到附近拿一个小型灭火器,但不足以将火扑灭,所以又去拿一个大型的灭火器,可是这时候铁桶中的甲苯已经漫延到地面上造成了一场严重的火灾。事后工厂调查这一意外事故,发现该作业人员执行这一工作已数年而且未发生事故。原先的铁桶把手是木质材料,现在被更换为塑料材料,经测量发现干燥木头的体积电阻系数约为塑料的体积电阻系数的十分之一,研究发现甲苯流动 10s 产生 $1\ \mu C$ 的电量,经由小铁桶释放出约 25mJ 的能量,甲苯的最小点火能量为 0.24mJ,所以当小铁桶中蓄积足够的静电荷并发生静电放电时,其能量足以引燃甲苯蒸气发生火灾。这个案例表明作业中一点小改变,产生了静电,就可能引起重大的损失。

　　静电的危害有以下三种。

　　(1) 爆炸和火灾。爆炸和火灾是静电的最大危害。静电的能量虽然不大,但因其电压很高且易放电,出现静电火花。

　　(2) 电击。由于静电造成的电击,可能发生在人体接近带电物体的时候,也可能发生在带静电电荷的人体接近接地体的时候。一般情况下,静电的能量较小,因此在生产过程中的静电电击不会直接使人致命,但是因为电击易引起坠落、摔倒等二次事故。电击还可引起职工紧张,影响工作。

　　(3) 影响生产。在某些生产工程中,不消除静电将会影响生产或降低产品质量。此外,静电还可引起电子元件误动作,引发二次事故。

　　静电危害防治方法可分为接地、增加湿度、限制速度、采用抗静电材料、使用静电消除器等五种。工业制造过程中,因作业环境、程序及材料的不同,所实施的静电危害防治方法亦会有所不同。选用时必须考量现场环境、条件与限制,甚至经费、管理系统与人力素质等因素。没有一种静电危害防治方法可以适用于所有的工业过程或情况,有时会同时采用两种或两种以上的静电危害防治方法。

　　目前世界各国已越来越关注静电防治安全技术问题,逐渐采取了一系列行之有效的措施,尽最大努力消除静电的危害。针对过程中的静电危害事故采取防范对策,应先了解静电危害发生原理,熟悉危害发展过程中影响静电产生及散逸的因素,能够辨认静电危害形成的每一阶段,然后能针对危害原因运用静电测量仪器,掌握过程中静电各物理量,评估具体潜在的静电危害因素,同时持续测量与比对施行静电危害防护措施的效果。

　　静电的基本参数包括静电电位、静电电量、静电电容、电阻和电阻率等。静电的实质是存在剩余电荷,因此静电电量是所有的有关静电现象的最本质的物理量。静电电位是与电荷成正比的物理量,可以反映物体带电的程度。静电基本参数的测量是静电测量的主要组成部分,对分析静电起电与放电的机理、判断作业工况中静电放电的危险性、确定作业环境的静电隐患等级、检验静电预防措施的效能及评估静电灾害事故的原因等有指导意义,也是静电防护设计和管理的依据。本实验的目的如下。

　　(1) 了解静电敏感领域内静电聚积的危害;

　　(2) 掌握现场静电的测定方法与高精度、手持式静电测量仪的使用;

　　(3) 准确检测给定环境中物体的表面静电压。

二、实验仪器

电位是描述静电的一个基本物理量。静电场中某点的电位定义为把单位正电荷从该点沿任意路径移动到参考点时电场力所做的功,当参考点的电位为零时,该点的电位在量值上等于该点与参考点之间的电压。在实际测量中,一般取大地为零电位参考点,故静电电位的测量常常又称为静电电压的测量。实际上,由于静电电位是与电荷量呈正比例关系,电位的高低能相对地反映出物体带电程度,同时由于静电电位的测量较其他静电参数的测量容易实现,因此得到广泛的应用。

静电电位的测量通常分为接触式和非接触式两种。本实验采用 ACL-300B 为非接触指针式静电电位测量仪,可经济、可靠、迅速地测量静电电位。简便、便于携带的 ACL-300B 是现场检测静电的可靠仪器与手段。ACL-300B 完全一体,无需辅助探头。为减小超量程误差,该仪表内置一个感应电极,可在高/低(即 HI/LO)两挡使用。静电测量范围如表 16-1 所示。

表 16-1　静电电位测量仪的量程范围

红色开关位置	距被测表面距离	量程范围
LO	13mm(0.5in)	0～500V
LO	102mm(4in)	0～3 000V
HI	13mm(0.5in)	0～5 000V
HI	102mm(4in)	0～30 000V

注意:测量精确度与下列三种因素有关。

(1) 仪表必须正确回零;

(2) 仪表感应电板与被测物体之间距离必须准确;

(3) 被测物体必须比感应电极大:要获得最高精度,在间距为 13mm 时,被测物体至少需要 50.8mm×50.8mm;在间距为 102mm 时,被测物物体至少需要 407mm×407mm,过小的被测物体会造成测量读数不准。

高精度、手持式的 ACL-300B 静电电位测量仪可以回答以下三个问题:①静电是否存在? 存在于哪些表面、材料或人群? ②静电有多大? ③静电荷是正还是负?

该静电电位测量仪主要技术参数如下。

(1) 为便于反复测量,ACL-300B 提供独一无二的"快速回零"功能,使仪表指示迅速回零,并为使用者提供接地补偿,测量时间只需大约 10s;

(2) 重复误差:±1%;

(3) 精度:±10%;

(4) 使用标准 9V 电池;

(5) 具有电池测试功能;

(6) 低漂移。

三、实验内容及方法

（1）将静电测量仪的红色电池/量程选择开关置于 LO 或 HI 位置时，仪器电源接通。使用低（LO）挡测量时，读数直接从仪表刻度上读出；高（HI）挡则要将仪表刻度上示数乘以 10。如被测静电大小未知，先用低（LO）挡测量。

（2）触摸接地的金属物体，如水管、金属导管、接地的机壳或工作椅等，使人体自身携带的静电释放。

（3）将测量仪避开带静电物体，按下黑色开关的回零（ZERO）按钮两次，然后放开，黑色开关将回到读数"READ"位置，也可将仪表对准已知接地体表面，按下 ZERO 按钮两次，使测量仪刻度回零。

（4）将感应电极对着被测物体，移至相距 13mm 或 102mm 处，测定被测物体静电电位，注意读数的正确比例。

注：间距是指从感应电极面或从红色开关前面盒子表面的凹槽开始到被测表面的距离。

（5）下次测量，重复前述步骤（1）～（4）。

（6）不用时，把红色开关拨至中间位置，关掉电源。

注意事项如下。

（1）更换电池：本仪器使用一节 9V 电池，当电池测试读数低（在零和红色的 BATT 线之间）时，或储存时间过长时，需要更换电池。

（2）电池测试方法：将红色开关打开，接通电源后，将黑色按钮向电池"BATT"方按下，表针指示即为电池测试读数。

（3）仪器清洁方法：如果漂移过大，感应电极表面需要清洁。清洁时，将软布用酒精浸湿，擦拭感应电极表面，然后使之彻底干燥，表面不得残留任何纤维绒毛。

四、实验数据记录与结果处理

将特定环境场所测定的实验数据填入表 16-2 中。

表 16-2　手持式静电电位测量仪数据记录表

时间：　　　　　测试地点：　　　　　　温度：　　　　　　湿度：

编号	1	2	3	4	5	6
物体名称						
静电产生方式						
静电压/V（正或负）						

五、思考题

（1）简述静电造成的危害，静电的来源，静电危害防治方法。

（2）静电测试仪的基本性能是什么？

（3）指针式静电电位测试仪 ACL-300B 的测试精确度与哪些因素有关？

实验 17　接地电阻测定实验

一、实验背景与目的

现在很多电气设备和大型仪器都有接地装置，是为了防止设备由于发生击穿和漏电对人员安全造成威胁。当发生某种异常情况时，如果没有接地线，就会因漏电及电压过大造成产品损坏，危及人身安全，为防止此类问题的发生，保证安全，就需要接地线。将电气产品金属外壳连接到地面的金属棒，可起到放电作用。为了防止危险，确保安全，应进行接地施工，并进行接地电阻的检测。

雷电通过电效应、热效应、机械效应、静电感应、电磁感应等对建筑物、生产设备、人体等造成危害。目前主要的防雷措施是人为制造出一条电流通道，将雷电的电流以很小的电阻导引进入地下，避免对建筑物、生产设备、人体等产生直接的伤害。防范直击雷的避雷针需要接地，防范雷电感应的等电位连接体需接地，防范雷电波侵入的避雷器和保护间隙等也同样需要接地，可以说，接地是目前最主要的防雷措施之一。雷电的电能是否能顺畅地被导入地下，主要与接地装置的接地电阻大小有关。接地电阻与接地装置和土壤的电阻率这两个因素有关，土壤的电阻率值是进行接地装置设计的基础数据之一。因此，防雷检测的主要检测参数是防雷装置的接地电阻和土壤的电阻率。接地电阻是衡量接地装置性能的主要技术指标，接地电阻越小，将雷电电流导入大地的能力越强，防雷效果越好。无论是建筑物或构筑物，还是化工生产装置，其防雷装置都主要由接闪器（包括避雷针、避雷带、避雷网、避雷线）、引下线和接地体（接地装置）构成。应定期检查接地装置各部分的连接和锈蚀情况，并测量其接地电阻。

静电接地连接是为了给静电电荷提供一条导入大地的通路。接地与连接是最常用、最简单、最有效的防止静电积累的方法。在静电危险场所，为了使静电电荷尽快地消散，所有的静电导体都必须进行接地。金属物体应采用金属导体与大地做导通性连接，对金属以外的静电导体及亚导体做间接接地。储罐、储槽、管网、反应釜、分离设备（离心机、分馏塔）、通风机械、空气压缩机、装桶机、机泵、操作台等都要有可靠的接地措施，接地电阻不大于 100Ω，同时要保证与接地体的连接线无断裂、无锈蚀，尤其要注意螺丝固定的连接点。

接地电阻测试就是测量在地下的接地装置电阻和土壤的散流电阻，这项测试是电力电气行业安全测试的重要事项之一。以下是各个应用中接地电阻的标准要求。

（1）用于防雷保护的接地电阻应不大于 10Ω；

（2）用于安全保护接地电阻应不大于 4Ω；

（3）用于交流和直流工作接地电阻应不大于 4Ω；

（4）用于防静电的接地电阻一般要求不大于 100Ω；

（5）共用接地体应不大于 1Ω。

本实验目的如下。

(1) 了解接地电阻测量仪的工作原理,全面了解仪器的结构、性能及使用方法;

(2) 掌握使用接地电阻表测接地电阻的方法;

(3) 掌握使用接地电阻表测土壤电阻率的方法及其计算方法。

二、实验原理

符合规定的接地电阻是保证安全的重要条件。工业企业各种接地装置的接地电阻,至少每年测量一次。一般应当在雨季前或其他土壤最干燥的季节测量,不能在潮湿的环境或阴雨天进行测试,雨后必须在 7 个晴天之后才能测试。对于易于受热、受腐蚀的接地装置,应适当缩短测量周期。凡新安装或设备大修后的接地装置,均应测量接地电阻。

本实验所用接地电阻测量仪由恒流源、放大电路、单片机、显示器组成。它的基本原理是采用三点式电压落差法。测量仪有 E、P、C 三个接线端,E 端接于被测接地体,P 端接电压极,C 端接电流极,如图 17-1 所示。

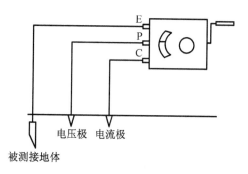

图 17-1 接地电阻测量仪

测量过程中,由机内 DC/AC 变换器将直流变为交流的低频恒流,经过辅助接地极 C 和被测物 E 组成回路,被测物上产生交流压降,经辅助接地极 P 送入交流放大器放大,再经过检波送入表头显示。

测量接地电阻时应将被测接地体同其他接地体分开,以保证测量的正确性。测量接地电阻应尽可能把测量回路同电网分开,有利于测量工作的安全,也有利于消除杂散电流引起的误差,还能防止将测量电压反馈到被测接地体连接的其他导体上引起事故。

本实验所用仪器适用于电力、邮电、铁路、石油、化工、通信、矿山等部门测量各种装置的接地电阻及测量低电阻导体的电阻值,还可测量土壤电阻率及 30V 以下交流电压。

三、实验仪器及材料

接地电阻测量仪;测试线、皮尺、小锤等;电位探棒与电流探棒。

四、实验内容及方法

本实验采用接地电阻测量仪测量接地电阻及土壤电阻率。

〜〜〜〜〜〜〜〜〜〜 1. 接地电阻的测量 〜〜〜〜〜〜〜〜〜〜

(1) 备齐测量时所必需的工具及全部仪器附件,并将仪器和电位探棒与电流探棒擦拭干净,特别是电位探棒与电流探棒,一定要将其表面影响导电能力的污垢及锈渍清理干净。

（2）使接地体脱离任何连接关系成为独立体。

（3）将两个探棒沿接地体辐射方向分别插入距接地体 10m、20m 的地下，插入深度为 400mm，见图 17-2。

（4）5m 测试线上开口叉接在仪器 E 接线柱端钮上，充电夹则夹在被测接地体 E′上，10m 测试线开口叉接仪器 P 接线柱端钮上，充电夹则夹住电位探棒 P′，20m 测试线开口叉接仪器 C 接线柱端钮上，充电夹则夹在电流探棒 C′上，并且使 E′、P′、C′共处同一直线，其间距为 10m（图 17-2）。

（5）接地电阻测试仪应该平稳放置于测试接地体地点 3m 内，这样方便测试，检查接线头的接线柱

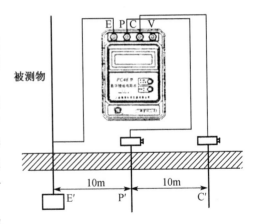

图 17-2　接地电阻测量方法

是否接触良好，将测量仪水平放置后，置仪表"电压/电阻"按钮为"电阻"位置，电源按钮为"开"，仪器开始测量接地电阻。测量完毕，切断电源。

2. 土壤电阻率的测量

在接地技术中土壤电阻率是主要技术参数。任何接地装置的设计都需用到土壤电阻率。接地工程竣工后的检验、投运后安全性的评估也都需要这一原始数据。因此在设计初始阶段，当接地装置的所在位置确定后，即需进行土壤电阻率的测量工作，施工过程或投运后作为设计的校核也需测量土壤电阻率。

土壤电阻率是指一个单位立方体的对立面之间的电阻，通常以 Ω·m 或 Ω·cm 为单位。这里采用单极法测量土壤电阻率。事先加工一根垂直接地棒为 E′，一般可用直径不小于 15mm，长度不小于 1m 的焊接钢管或自来水管，将其一端加工成尖锥形或斜口形，便于在现场击入地面。测量时，首先取若干根测试线，如图 17-3 所示，5m 测试线开口叉接在仪器 E 端钮上，充电夹则夹在接地棒 E′上，10m 导线开口叉接仪器 P 接线柱端钮上，充电夹则夹在电位探棒 P′上，20m 导线开口叉接在仪器 C 接线柱端钮上，充电夹则夹在电流探棒 C′上。电流探棒 C′离开接地棒 E′的测量距离 S≥20m，电位探棒 P′应置于距接地棒 E′(0.5~0.7)S 处。在电流探棒 C′位置不变条件

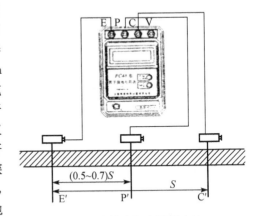

图 17-3　土壤电阻率测量方法

下，移动电位探棒 P′的位置，在上述区间取 3~5 点，按照接地电阻测量的方法读取仪器所测电阻值，其读数平均值作为测量值。土壤电阻率按式（17-1）计算：

$$p = \frac{2\pi L R}{\ln \frac{4L}{d}} \tag{17-1}$$

式中　　L——接地棒插入土中的深度，m；

　　　　d——接地棒的直径，m；

　　　　R——接地电阻值，Ω；

　　　　p——土壤电阻率，$\Omega \cdot$ m。

五、注意事项

（1）接地线路要与被保护设备断开，以保证测量结果的准确性。

（2）下雨后和土壤吸收太多水分的时候，以及气候、温度、压力等急剧变化时不能测量。

（3）被测地极附近不能有杂散电流和已极化的土壤。

（4）探测地极应远离地下水管、电缆、铁路等较大金属体，其中电流极应远离 10m 以上，电压极应远离 50m 以上，如上述金属体与接地网没有连接时，可缩短距离 1/3～1/2。

（5）注意电流极插入土壤的位置，应使接地棒处于零电位的状态。

（6）测试线应使用绝缘良好的导线，以免有漏电现象。

（7）测试现场不能有电解物质和腐烂尸体，以免造成错觉。

（8）测试宜选择土壤电阻率大的时候进行，如初冬或夏季干燥季节时进行。

（9）随时检查仪器的准确性，每年送计量单位检测认定一次。

（10）当测量仪灵敏度过高时，可将电位探棒电压极插入土壤中浅一些，当测量仪灵敏度不够时，可沿探棒注水使其湿润。

六、实验数据记录与结果处理

时间：　　　　　　天气：　　　　　温度：　　　　　湿度：　　　　　测试地点：

（1）接地电阻测量（表 17-1）

表 17-1　接地电阻测量实验数据记录

EP/m	EC/m	接地电阻值/Ω

实验结果：$R=$　　　　Ω

（2）土壤电阻率测量（表 17-2）

表 17-2　土壤电阻率测量实验数据记录

S/m	P/m	R/Ω	$R_{平均}$/Ω	L/m	土壤电阻率/($\Omega \cdot$ m)

七、思考题

(1) 说明 P、C 各代表什么电极？在测量中起何作用？

(2) 当接地电阻过大时会产生什么后果？为什么？

(3) 大功率实验设备接地线是否能直接连接到电源配电箱的接地端？

(4) 影响土壤电阻率测量的因素有哪些？

实验 18　可燃气体爆炸特性测定实验

一、实验背景与目的

可燃性气体爆炸是工业生产和生活领域爆炸灾害的主要形式之一，自 1857 年英国发生城市煤气管道爆炸以来，许多学者就开始了对气体爆炸的研究工作。要想预防和控制工业爆炸损失，首先必须了解危险物质的爆炸特性参数。爆炸压力、爆炸指数、爆炸极限、极限氧浓度都是反映气体爆炸危险性的参数。爆炸压力和爆炸指数用于爆炸泄压、爆炸抑制、爆炸隔离和抗爆等防爆设计与计算。极限氧浓度用于控制氧浓度的爆炸预防措施。爆炸极限与氮气临界抑爆浓度均为用于控制气体浓度的爆炸预防措施。

爆炸极限是一个很重要的概念，在防火防爆工作中有很大的实际意义。

(1) 它可以用来评定可燃气体(蒸气、粉尘)燃爆危险性的大小，作为可燃气体分级和确定其火灾危险性类别的依据。我国目前把爆炸下限小于 10% 的可燃气体划为一级可燃气体，其火灾危险性列为甲类。

(2) 它可以作为设计的依据，例如确定建筑物的耐火等级，设计厂房通风系统等，都需要知道该场所存在的可燃气体(蒸气、粉尘)的爆炸极限数值。

(3) 它可以作为制定安全生产操作规程的依据。在生产、使用和储存可燃气体(蒸气、粉尘)的场所，为避免发生火灾和爆炸事故，应严格将可燃气体(蒸气、粉尘)的浓度控制在爆炸下限以下。为保证这一点，在制定安全生产操作规程时，应根据可燃气(蒸气、粉尘)的燃爆危险性和其他理化性质，采取相应的防范措施，如通风、置换、惰性气体稀释、检测报警等。

但到目前为止，实际生产过程中还不能准确地预测某些可燃气体的爆炸极限，对多元可燃性气体爆炸极限的研究更是相对较少，特别是温度、压力、惰性气体含量及点火能量的大小对混合气体的影响规律缺乏系统的研究。虽然在理论上可以估算混合气体的爆炸极限，但与实际情况相距甚远。众所周知，天然气与人工煤气是易燃易爆的，在民用与工业企业中，天然气与人工煤气设备的各种检修动火，每年都有数百次之多。如果稍有疏忽，即会发生气体着火、爆炸事故，给工人的生命安全和国家财产带来严重的损失。如何防止此类事故的发生，需要确定这些燃气的爆炸极限和安全动火浓度。使用氮气来对燃气进行惰化，可对燃气起到抑爆的作用。氮气的作用：①惰性介质氮气含量增加，则燃气的爆炸下限提高，爆炸上限降低。就氮气含量对爆炸上下限的影响程度来说,其对爆炸上限的影响比较显著,而对爆炸下限的影响相对较小。②惰性介质氮气与燃气相混合,采用不同浓度的配比,可以缩小燃气爆炸极限的范围,降低多元爆炸性混合气体的可燃性,当氮气达到一定的浓度后,可将燃气惰化为不可燃气体,抑制爆炸的发生,从而解决燃气的安全问题。

本实验采用 20L 球形爆炸测试系统,测定天然气中惰性介质氮气含量变化情况下的爆炸极限数据,用于各种实际检修安全动火条件的确定;也为多元可燃气体抑爆技术的深入研究提供参考;同时有利于燃气爆炸灾害的早期预测和综合治理技术,为气体安全处理提供设计依据。

二、实验原理与仪器

可燃气体或蒸气与空气的混合物,并不是在任何组成下都可以燃烧或爆炸,而且燃烧或爆炸的速率也随组成而变。实验发现,当混合物中可燃气体浓度接近化学反应式的化学计量比时,燃烧最快、最剧烈。若浓度减小或增加,火焰蔓延速率则降低。当浓度低于或高于某个极限值时,火焰便不再蔓延。可燃气体或蒸气与空气的混合物能使火焰蔓延的最低浓度,称为该气体或蒸气的爆炸下限(也称燃烧下限,Lower Explosion Level,简称 LEL);反之,能使火焰蔓延的最高浓度则称为爆炸上限(也称燃烧上限,Upper Explosion Level,简称 UEL)。可燃气体或蒸气与空气的混合物,其浓度在爆炸下限以下或爆炸上限以上,便不会着火或爆炸。混合气体浓度在爆炸下限以下时含有过量空气,由于空气的冷却作用,活化中心的消失数大于产生数,阻止了火焰的蔓延。若浓度在爆炸上限以上,含有过量的可燃气体,助燃气体不足,火焰也不能蔓延。

爆炸极限通常是在常温常压等标准条件下测定出来的数据,它不是固定的物理常数。它受各种外界因素的影响而变化,如随温度、压力、含氧量、惰性气体含量、容器的材质和尺寸、火源强度等因素的变化而产生变化。不同可燃气(蒸气)的爆炸极限是不同的,甲烷的爆炸极限是 5.0%～15%,意味着甲烷在空气中体积浓度在 5.0%～15% 之间时,遇火源会爆炸,否则就不会爆炸。

由于各国研究气体爆炸起步不同,所采用的测试装置也不同,在国际上还没有统一的标准测试装置。近年来更实用、更方便、廉价的 20L 球形装置逐渐在国际间趋于统一。1996 年 Adolf Kühner AG 设计的 20L 球形爆炸测试装置,既能测试可燃气体(液体蒸气)爆炸极限,又能测试最小点火能,并且配气系统采用循环混合使配气更均匀,整个系统由计算机控制,能测试室温到 230℃ 内可燃气体(液体蒸气)的爆炸特性。本实验采用 ETD-20L DG 型 20L 球形爆炸测试系统,该装置是国内功能相对完备的用于实验室内的气体爆炸测试性能参数测定系统,可用于测定气体最大爆炸压力 p_{max}、气体爆炸指数 K_g、气体爆炸极限等;也可用于测定粉尘最大爆炸压力、粉尘爆炸指数、粉尘爆炸下限、粉尘极限氧浓度等。

可燃气体爆炸特性测试装置包括 20L 球形爆炸容器和控制与数据采集系统。爆炸容器为不锈钢双层结构(图 18-1)。20L 球形爆炸容器的夹层(夹套)内可充水以保持容器内的温度恒定。容器上设有观察窗,通过观察窗可观察到点火和爆炸的火光。容器设有抽真空、排气、可燃气体引入、空气引入、压缩空气清洗接口。抽真空接口附近安装真空表。容器壁面安装有压电型压力传感器。该传感器可测定进气和爆炸过程的动态压力。容器盖采用类似高压锅的压紧结构,可一人操作。容器盖旋紧后,转动安全限位开关,控制器就可通过安全限位开关的电信号确认容器盖就位。仪器的主要技术指标见表 18-1。

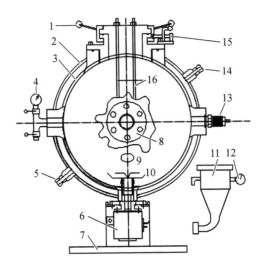

图 18-1　20L 球形爆炸测试容器示意图

1—操作手柄；2—夹套外层；3—夹套内层；4—真空表；5—循环水入口；6—气粉两相阀；
7—底座；8—观察窗；9—吹扫进气口；10—分散阀；11—高压储粉罐；12—电接点压力表；
13—压电型压力传感器；14—循环水出口；15—安全限位开关

表 18-1　主要技术参数

项目	参数及说明
爆炸容器	20L 球形,带冷却(或加热)夹套
爆炸容器工作压力	2.0MPa(表压),最大 3.5MPa
真空表精度	0.4%满量程
数据采集卡	分辨率:12Bit;频率:100kHz
压电传感器	动态量程:1.379MPa(0～5V 输出),可用量程:2.758MPa(0～10V 输出);分辨率:0.021kPa;谐振频率:>500kHz;非线性度:<1%;配合 ICP 恒流源,输出0～5V
点火能量	化学点火:10kJ;静电点火:10kJ(最大)
气体引入方式	手动阀门
配气方式	分压法手动配气
控制方式	本地控制和远程控制:面板按钮、触控屏(人机界面)、计算机
软件	ExTest 2009 爆炸测试系统。支持本地、远程实验过程控制、实验数据管理和报表

　　20L 球形爆炸测试系统的工作原理见图 18-2。控制箱包括可编程控制器(PLC)、电火花发生器、触控屏、压力采集接线端子板等。PLC、触控屏和计算机通过局域网相连,实验过程控制由 PLC 实现。容器内的压力变化过程经压力传感器和变送器转变为电信号,由数据采集系统采集并保存在计算机中。通过对压力-时间曲线分析可自动得到单一可燃气体浓度下实验的最大爆

炸压力 p_m 和最大爆炸压力上升速率 K_m。通过不同气体组分的一系列爆炸试验得到一系列的 p_m 和 K_m，作出 p_m 和 K_m 相对可燃气体浓度的曲线得到 p_{max}、K_g。

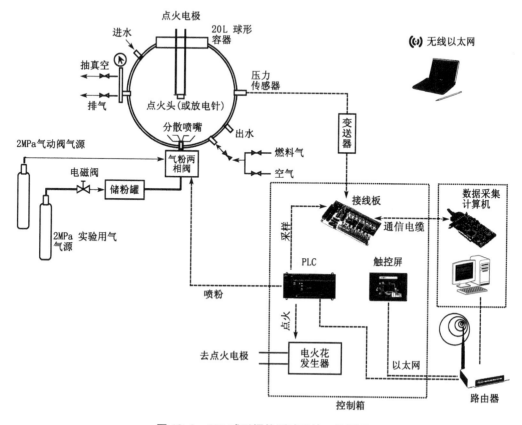

图 18-2　20L 球形爆炸测试系统工作原理

三、实验内容及方法

实验参照 GB/T 12474—2008《空气中可燃气体爆炸极限测定方法》，利用渐近法测试天然气在空气中的爆炸极限，参考美国标准材料实验协会（ASTM）的相关标准，在室温常压条件下测试，通过压力传感器检测爆炸是否发生，以点火后实验压力相对于初始压力（1atm①）升高 7％作为爆炸判据。参照 GB 803—1989《空气中可燃气体爆炸指数的测定》，对天然气爆炸压力、爆炸压力上升速率及爆炸压力峰值等参数进行测试。实验中天然气-空气混合气体采用分压法在爆炸反应罐内进行手动配制，混合方式为自然扩散混合。在天然气-空气混合气体处于宏观静止状态下进行上述参数的测试。点火采用高压击穿-低压续弧放电原理，实验点火能量为 10J。单个实验过程可分为配气、点火和数据记录 3 部分，实验具体操作过程如下。

（1）第一次实验前，通过触控屏设置试验介质为"气体"，点火方式为"静电"，选择"稳流"

---

①　1atm＝101.325kPa。

实验。

（2）在计算机爆炸测试系统界面进入数据库维护界面，新建测试卡片，在测试卡片信息中输入测试信息。

（3）合上测试容器盖并旋紧，安全限位指示灯亮表明容器盖已盖好。将高压电缆一端接入控制箱的高压输出，另一端插入容器盖上的电极座。

（4）在测试软件界面点击"文件"→"新测试"，在弹出的窗体中输入测试条件信息。点击"开始测试"按钮后进入高速数据采集界面等待触发信号。

（5）关闭排气阀、清洗阀，打开真空泵阀，启动真空泵。缓缓打开真空表阀，如果真空表指针向真空方向（-0.1MPa刻度）移动就完全打开真空表阀。当真空度达到-0.1MPa时关闭真空泵阀和真空泵。等待3s左右，通过进气阀进行配气，20L球配气完成的压力应该为1atm，关闭真空表阀。

（6）在触控屏上点击"高压电源"按钮打开高压电源，等电压稳定后点击"充电"按钮进行充电。当电容电压和电源电压相等时或者电容电压不再变化时表示充电结束。

（7）充电结束后，按下"电源保护"按钮（电源保护时间为5s），5s后按下"点火"按钮进行静电点火实验。

（8）点火结束后按下"泄放"按钮将电容内残余的能量泄放。当电容电压低于200V时，可以使用"快速泄放"按钮进行快速泄放。

（9）计算机屏幕上软件显示本次爆炸的压力-时间曲线。将数据记录到测试表格，同时将本次测试结果添加到数据库。

（10）清洗：打开排气阀释放出容器内的废气。打开清洗进气阀，启动空压机对容器内的燃烧产物废气进行清洗。打开容器盖，仔细清洗容器内部。注意传感器安装位置前应无杂物。传感器头部有隔热硅胶，清洗时不要破坏隔热硅胶。观察抽真空口、清洗进气口是否畅通，必要时进行清洗。

四、实验数据记录与结果处理

进行单一 $V(N_2):V$（天然气）（体积比）下，改变天然气浓度的系列实验，将实验结果（软件导出图）作为实验报告附件，数据汇总列于表18-2。然后，给出爆炸极限随 $V(N_2):V$（天然气）变化的规律（表18-3）。

表18-2 改变天然气浓度的实验结果 $V(N_2):V$（天然气）

实验编号	天然气浓度	氮气浓度	空气浓度	压力升高值	是否爆炸

续表

实验编号	天然气浓度	氮气浓度	空气浓度	压力升高值	是否爆炸

表 18-3　常温下氮气对天然气爆炸极限的影响

爆炸极限	$V(N_2):V($天然气$)$					
LEL						
UEL						

五、思考题

（1）表征气体爆炸特征的参数主要有哪几个？

（2）爆炸极限的含义是什么？什么是爆炸上限、爆炸下限？爆炸极限主要与哪些因素有关？从数据手册中查到的爆炸极限精确度如何？

（3）应用氮气爆炸惰化技术的原理是什么？采用惰化技术的关键是什么？

（4）分析影响测定过程中出现误差的原因。

实验 19　化工材料差热分析实验

一、实验目的

化工生产的主要风险来自于工艺反应的热风险,在生产过程中,大部分化学反应是有机合成反应,并且以放热反应居多,即在反应过程中伴有热量放出。在化学反应进行过程中,如果整个系统冷却失效或反应失控,会导致反应体系的热量累积,在近似于绝热的条件下,将造成体系温

87

度的迅速升高,当达到反应体系中溶剂或反应物的沸点时,会造成剧烈的沸腾引起冲料危险;也有可能达到反应物料的热分解温度,促使物料进一步发生分解反应,放出大量热量或迅速放出气体,最终导致剧烈的分解反应发生,甚至导致爆炸事故的发生。因此,控制化学反应风险的首要问题是开展反应风险研究,特别是对化学反应的热风险进行研究和评估。

热分析的发展历史可追溯到两百多年前。1780 年英国的 Higgins 在研究石灰黏结剂和生石灰的过程中第一次使用天平实验测量了物体受热时所产生的重量变化,1915 年日本的本多光太郎提出了"热天平"概念并设计了世界上第一台热天平。1899 年,英国的 Roberts 和 Austen 采用两个热电偶反相连接,采用差热分析的方法直接记录样品和参比物之间的温差随时间变化规律;至第二次世界大战以后,热分析技术得到了飞快的发展,20 世纪 40 年代末商业化电子管式差热分析仪问世,60 年代又实现了微量化。经过数十年的快速发展,热分析已经形成一类拥有多种检测手段的仪器分析方法,它可用于检测物质因受热而引起的各种物理、化学变化,参与各学科领域中的热力学和动力学问题的研究,使其成为各学科领域的通用技术,并在各学科间占有特殊的重要地位。

热安全问题是安全生产、安全工程领域的核心问题之一,而热化学实验是了解和掌握化学反应及过程热变化及其危险性的主要手段之一。除了生成热、燃烧热和其他化学反应热外,溶解、混合、吸附、相变等物理及生物过程的热效应也都属于热化学研究的范畴,液化、熔融、凝固、汽化、升华等状态变化过程及化学反应过程关系着各种物理性爆炸和化学性爆炸的条件、机理、过程及结果。热化学的实验数据在安全上有其明确的实际使用价值,可获得反应的平衡常数和热力学的其他基本参数,并可获得有关化合物稳定性、分子的结构热反应、热爆炸等方面的信息。而熔融、升华或晶型转变及化学反应等变化过程总是要吸热或放热的,这些物理变化和某些化学变化往往只需要提高样品(或称试样)温度就可以发生。伴随这种变化过程的热效应与时间或温度呈函数关系,这是差热分析法的基础。本实验目的如下。

(1)掌握差热分析法的基本原理;

(2)学会差热分析仪的操作,用差热分析仪测定硝酸钾的差热曲线;

(3)了解差热分析图谱定性、定量处理的基本方法,分析试样的热稳定性和热反应机理。

二、实验原理

1. 差热分析基本原理

差热分析是测定试样在受热(或冷却)过程中,由于物理变化或化学变化所产生的热效应来研究物质转化及反应的一种分析方法,简称 DTA(Differential Thermal Analysis)。物质在受热或者冷却过程中,当达到某一温度时,往往会发生熔融、凝固、晶型转变、分解、化合、吸收、脱附等物理或化学变化,因而产生热效应,其表现为体系与环境(样品与参比物之间)有温度差;另有一些物理变化如玻璃化转变,虽无热效应发生但比热容等某些物理性质也会发生改变,此时物质的质量不一定改变,但温度必定会变化。差热分析就是在物质这类性质基础上,基于程序控温下测量样品与参比物的温度差与温度(或时间)相互关系的一种技术。

DTA 测试实验如图 19-1 所示。DTA 具体测试方法是将试样和参比物分别放入不同的坩埚 1 和坩埚 2 中,将坩埚 1 和坩埚 2 置于加热炉中,以一定的升温速率进行程序升温,升温速率

$v = \mathrm{d}T/\mathrm{d}t$。以 T_s 和 T_r 分别表示试样和参比物各自的温度,假设试样和参比物的比热容分别为 C_s 和 C_r,C_s 和 C_r 不随温度而变化,它们的升温曲线如图 19-2 所示。在试样没有发生吸热或放热变化且与程序温度间不存在温度滞后性时,试样和参比物的温度与线性程序温度是一致的。若试样发生放热变化,由于热量不可能从试样中瞬间导出,于是试样温度偏离线性升温线,且向高温方向移动。反之,在试样发生吸热变化时,由于试样不可能从环境瞬间吸取足够的热量,从而使试样温度低于程序温度。只有经历一个传热过程试样才能回复到与程序温度相同的温度。

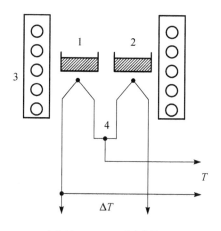

图 19-1　DTA 测试图示

1—参比物坩埚;2—试样坩埚;
3—炉体;4—热电偶

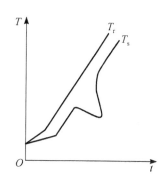

图 19-2　试样和参比物的升温曲线

T_r—参比物升温曲线;
T_s—试样升温曲线

如果以 $\Delta T = T_s - T_r$ 对时间 t 作图,得到的温差随时间变化的 DTA 曲线如图 19-3 所示。由于是线性升温,通过 T-t 关系可将 ΔT-t 图转换成 ΔT-T 图。ΔT-t(或 T)图即差热曲线,表示试样和参比物之间的温度差随时间或温度变化的关系。

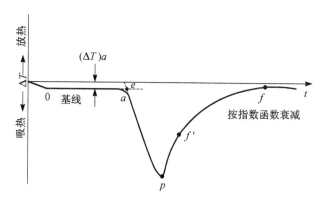

图 19-3　DTA 吸热转变曲线

图 19-3 中在 $0 \sim a$ 时间内,ΔT 基本上保持一致,形成了温度随时间变化的 DTA 曲线的基线。随着温度的升高,测试样品由于相转变、晶格转变或化学反应等产生了热效应,测试样品的温度与参比物之间的温差发生了变化,在温差随时间变化的 DTA 曲线中表现为有峰出现,试样

89

吸热时 $\Delta T < 0$，在 ΔT 曲线上是一个向下的吸热峰。当试样放热时 $\Delta T > 0$，在 ΔT 曲线上是一个向上的放热峰。峰值越大代表温差越大；峰的数目越多，代表试样发生变化的次数越多。所以，在物质的温差随时间变化的 DTA 测试中，各种吸热峰和放热峰的个数、峰的形状、峰面积的大小和峰的位置及其相应的温度，可以用来定性地鉴定所研究物质的热稳定性情况。曲线上峰的起始温度只是实验条件下仪器能够检测到的开始偏离基线的温度，该起始温度应是峰前缘斜率最大处的切线与外推基线的交点 e 所对应的温度。峰面积大小代表着热量变化的多少。

2. 影响仪器差热分析的主要因素

（1）气氛和压力的选择

气氛和压力可以影响样品化学反应和物理变化的平衡温度、峰形。因此，必须根据样品的性质选择适当的气氛和压力，有的样品易氧化，可以通入 N_2、He 等惰性气体。

（2）升温速率的影响和选择

升温速率不仅影响峰温的位置，而且影响峰面积的大小，一般来说，在较快的升温速率下峰面积变大，峰形变尖锐。但是快的升温速率使试样分解偏离平衡条件的程度也大，因而易使基线漂移。更主要的是可能导致相邻两个峰重叠，分辨率下降。较慢的升温速率，基线漂移小，使体系接近平衡条件，得到宽而浅的峰，也能使相邻两峰更好地分离，因而分辨率高。但测定时间长，需要仪器的灵敏度高。

（3）试样的预处理及用量

样品粒度：粒度较大导致峰形较宽，分辨率差，特别是受扩散控制的反应过程，如脱水过程，颗粒表面水的蒸发与颗粒内部分子脱水同时发生，水分子从内部扩散到表面，需要一定的时间，易导致邻近峰的重叠。颗粒太细可能会破坏试样的晶体结构。常规测试推荐颗粒度约 200 目①。

样品用量：用量多，测定灵敏度提高，结果的偶然误差减少，但温度梯度影响导致峰形扩大，分辨率下降；用量少，样品与环境的温差小，均一性好。一般推荐用量为 5mg 左右。

（4）参比物的选择

要获得平稳的基线，参比物的选择很重要。要求参比物在加热或冷却过程中不发生任何变化，在整个升温过程中参比物的比热容、导热系数、粒度尽可能与试样一致或相近。常用三氧化二铝（α-Al_2O_3）或煅烧过的氧化镁或石英砂作参比物。如果试样与参比物的热性质相差很远，则可用稀释试样的方法解决，主要是减少反应剧烈程度；如果试样加热过程中有气体产生时，稀释试样还可以减少气体大量出现，以免使试样冲出。选择稀释剂应不能与试样有任何化学反应或催化反应，常用的稀释剂有 SiC、Al_2O_3 等。

三、实验仪器与药品

本实验使用 HCT2 型微机差热天平，为微机化的 DTA-TG-DTG 同时分析仪，它可以对微量试样同时进行差热分析、热重测量及热重微分测量。HCT2 型微机差热天平主要由下面三部

---

① 200 目＝75μm。

分组成。

（1）差热测量系统：采用哑铃型平板式差热电偶，它将检测到的微伏级差热信号送入差热放大器中进行放大。差热放大器为直流放大器，可将微伏级的差热信号放大到 $0\sim5\mathrm{V}$，送入计算机进行测量采样。

（2）热重测量系统：采用上皿、不等臂、吊带式天平、光电传感器，带有微分、积分校正的测量放大器，电磁式平衡线圈及电调零线圈等。当天平因试样质量变化而出现微小倾斜时，光电传感器就产生一个相应极性的信号，送到测重放大器，测重放大器输出 $0\sim5\mathrm{V}$ 信号，经过 A/D 转换，送入计算机进行绘图处理。

（3）温度测量系统：测温热电偶输出的热电势，先经过热电偶冷端补偿器，补偿器的热敏电阻装在天平主机内。经过冷端补偿的测温电偶热电势再由温度放大器进行放大，送入计算机，计算机自动将此热电势的毫伏值变换成摄氏温度。

HCT-2 型微机差热天平主要技术指标如下。

（1）温度范围：室温～1 450℃；

（2）升温速率：$(0.1\sim80)$℃/min；

（3）差热量程：$\pm10\sim\pm1\,000\mu\mathrm{V}$；

（4）热重量程：$1\sim200\mathrm{mg}$；

（5）坩埚容积：0.06mL；

（6）天平主机真空度：$2.5\times10^{-2}\,\mathrm{Pa}$。

辅助仪器：电脑一台、三氧化二铝小坩埚、瓷研钵一套、分样筛、镊子、洗耳球。

实验药品：$\alpha\text{-}\mathrm{Al_2O_3}$（分析纯），硝酸钾（分析纯），锡粉（分析纯）。

四、实验内容及方法

（1）将试样和参比物研磨至粒度在 $100\sim200$ 目。为了防止试样烧结，可在其中加入 20% 的氧化铝作稀释剂。若试样热效应较小，可以不加稀释剂。

（2）开启微机差热天平主机电源，指示灯亮，说明整机电源已接通。点击电脑桌面上的热分析工作站软件图标，软件进入运行状态，检查仪器主机与计算机信号传输线连接情况。开机预热半小时后可以进行测试工作。打开冷却水。

（3）向上抬起仪器的加热炉，到限定高度后逆时针方向旋转到限定位置。

（4）用镊子放入实验样品。支撑杆的左托盘放参比物（$\alpha\text{-}\mathrm{Al_2O_3}$）坩埚，右托盘放试验样品（锡粉）坩埚，样品称量一定要精确。

（5）顺时针旋转放下仪器的加热炉，双手托住缓慢向下放，切勿碰撞支撑杆。

（6）点击"软件采集"，自动弹出【新采集-参数设置】对话框。左半栏目里填写试样名称、序号、试样重量、操作人员名字，在右边栏里进行温度设定。点击"增加"按钮，弹出【阶梯升温-参数设置】对话框，填写升温速率、终值温度、保温时间，设置完毕点击"确定"按钮，点击【新采集-参数设置】对话框的"确定"按钮，系统进入采集状态。

（7）当数据采集程序到达设定时间后，采集程序自动停止，弹出"正常完成采样任务"，点击"确认"，弹出保存对话框，浏览文件夹，保存数据到指定的目录。点击工具栏"停止"按钮也能手动结束采样，同时弹出保存对话框。

（8）数据分析：数据采集结束后，点击【数据分析】菜单，选择下拉菜单中的选项，进行对应分析。分析过程：首先用鼠标选取分析起始点，双击鼠标左键；接着选取分析结束点，双击鼠标左键，此时自动弹出分析结果。

（9）一次测量完成后，水冷降温，冷却至室温后抬起仪器的加热炉，取出装有试样和参比物的小坩埚，将其中的试样倒尽，进行下一组试样的测定。

（10）在与锡相同的测定条件下程序升温，测得在 70～370℃ 内硝酸钾的差热曲线。每个样品测定差热曲线 2 次。

（11）试验完毕 40min 后关闭循环水。坩埚可重复使用请勿随意丢弃。

五、注意事项

（1）电源为单相 220V、50Hz 交流电，火线与零线不得接反，遵循左零线右火线原则，保证仪器外壳接地良好；仪器工作电压为交流（220±10％）V。

（2）保持样品坩埚的清洁，使用镊子夹取，避免用手触摸。测试样品应与参比物有相近的粒度和填充紧密程度。

（3）仪器需要在通电加热炉体前先打开冷却水源。仪器在加热前，确保冷却水工作正常，流量不要太大，以人眼能看出水在流动为宜。如冷却水工作不正常可能造成仪器永久性损坏。

（4）炉体升降动作应注意动作缓和，使用双手进行升降动作，小心不要触动损坏样品杆或支架，防止样品支撑杆碰偏。炉体应下降到位避免产生间隙影响差热与热重曲线。

（5）装卸样品时注意动作标准、缓和。试样量一般不要超过坩埚容积的 4/5，对于加热时会发泡、溢出的试样不要超过坩埚容积 1/2 或更少，必要时可使用 $\alpha\text{-}Al_2O_3$ 粉末稀释，以防止发泡时溢出坩埚，污染热电偶。

（6）终止温度设置，一定要根据样品恰当设置。例如，铟的终止温度为 300℃，如果设置到 800℃，铟升华后凝结在测温电偶上将导致仪器不能使用。

六、实验数据记录及结果处理

（1）记录实验条件。由峰的数目得到锡与硝酸钾在被测温度内发生变化的次数。

（2）由各峰的位置知道每次变化发生的温度范围（即峰的起始温度到峰的结束温度）。用外推法从各差热曲线上确定起始反应温度。

（3）由出峰方向的正负性确定锡与硝酸钾变化过程是吸热还是放热，一般规定放热峰为正，吸热峰为负。

（4）由锡与硝酸钾的峰面积大小，计算硝酸钾相变的热效应。

方法：计算机进行数据采集处理后形成 DTA 峰形曲线，差热峰的面积与过程的热效应成正比，即

$$\Delta H = \frac{K}{m}\int_e^f \Delta T \mathrm{d}t \text{。}$$

式中，m 为样品质量；e、f 分别为峰的起始、终止时刻（图 19-3）；ΔT 为时间 t 内样品与参比物的温差；$\int_e^f \Delta T \mathrm{d}t$ 代表峰面积；K 为仪器常数，与仪器特性及测定条件有关，同一仪器测定条件不变

时 K 则为常数,它可以用数学方法推导,但比较麻烦。本实验采用标定法,已知纯锡的熔化热为 59.39J/g,可由锡的差热峰面积求得 K 值。从求得的硝酸钾样品差热峰的面积及 K 值,就能算出硝酸钾相变的热效应。

七、思考题

(1) 差热分析为什么要用参比物? 对它有什么要求?

(2) 如何判断反应是吸热反应还是放热反应? 为什么加热过程中,即使样品没有发生变化,差热曲线仍然会出现较大的漂移(即表现出基线不够平直)?

(3) 影响差热分析的主要因素有哪些?

八、附件:差热分析在火灾调查中的应用

1. 严重烧毁火场温度的判定

在火灾调查工作中有时会遇到因火灾发现晚、报警迟、扑救不及时,以及自动灭火系统失灵或火灾载荷特别大等原因,导致燃烧猛烈、扑救人员难以进入火场、有效扑救难以展开而造成烧损严重的火场。在严重烧毁的火场中,常见的有重要证明作用的痕迹物证大部分毁灭,给火灾调查造成极大困难。

为顺利展开火灾调查,就要寻找那些不易被彻底破坏而有一定证明作用的痕迹物证(如木炭、混凝土构件、金属等)。通过对这些物证进行差热分析鉴定,发现它们的特征及证明作用,以此为依据判断火场温度,分析火势蔓延方向,确定起火部位,认定火灾原因。

2. 自燃火灾原因的分析和鉴定

自燃是可燃物在没有外部火源作用下,因受热和自身发热并蓄热而引起的燃烧,分为化学自燃和热自燃。自燃火灾易受环境因素的影响,火灾原因一般较复杂,原因认定难度大。差热分析技术可以测定物质在受热作用下的起始放热温度、放热速度及其放热量,这些参数是分析与鉴定物质自燃特性的重要依据。因此,经常需要利用差热分析技术对自燃火灾发生的过程和原因进行分析和鉴定。

3. 火场高聚物燃烧残留物种类的鉴定

当前,各种各样的高分子聚合物材料越来越多地进入了人们的生活中,而且所占的比重越来越大,在火灾案件中,由高聚物材料如纤维、塑料、涂料、油漆、皮革及各种装饰材料的燃烧而酿成的火灾及由汽油、煤油、柴油及一些易燃化学品等助燃剂浸渍在天然和合成的高聚物材料中,引起高聚物材料燃烧而酿成的火灾不断增加,造成重大经济损失和人员伤亡。

虽然近年来不少先进的分析技术已成功地运用于火灾物证分析鉴定领域,但由于高聚物的

燃烧残留物及吸附、保留在高聚物的燃烧残留物中的微量高沸点难燃的助燃剂重组分都不易挥发而难以用其他常用分析方法来直接进行分析鉴定。差热分析可为分析和鉴定火场高聚物燃烧残留的热行为提供数据或"热指纹"图，利用这些数据或热指纹与相应标准物比较可鉴别高聚物的种类。

实验 20　绝热加速量热法测定化学反应失控危险性实验

一、实验目的

物质热稳定性是指在规定的环境下，物质受热氧化分解而引起的放热或着火的敏感程度。物质的燃烧和爆炸与其热稳定性密切相关，因此热稳定性是化学工业中最关心的问题之一。化工产品或原料在制造、运输、储存过程中都或快或慢地发生一些放热反应，某些反应还伴随着气体产物。如果这些物质被保存在密闭的容器中，反应产生的压力和热量不能散发出去，那么容器内就会产生热量和压力的积累。随之，体系的温度和压力逐渐升高。到某一程度，体系的温度和压力超过一定阈值，则会引发物质的剧烈反应，最后可能发生爆炸。这种现象称为"热失控"。当然，对于某一体系，是否发生热失控，或者何时发生热失控，取决于体系的材料特性、容器的传热特性及环境温度等条件。

国际上分析物质热稳定性的实验方法主要有差示扫描量热法（DSC）、热重法（TGA）和近年来逐步发展起来的绝热加速量热仪测试法。作为通用的材料分析手段，DSC 和 TGA 可以得到许多关于材料组成、相变、稳定性方面的信息，而且扫描速度快，可以在短时间内获得数据，是非常有效的方法。但是对于化工产品在制造、运输、储存过程中的安全性评估而言，常规的热分析方法有些力不从心。首先，常规的热分析设备都不是绝热体系，那么就无法模拟产品的"热积累"过程。另外，常规热分析设备只能容纳较少的样品量（一般为毫克量级），对于易爆类型的化工样品，鉴于操作安全考虑，样品量更少。这样对于非均匀性的产品，其数据就不能很好地模拟大量样品的情况。可以说，常规的热分析方法更注重于材料的分析和研究，而不是存储、运输等工艺研究和优化。因此，有必要寻找一种手段，能够充分地模拟实际产品在实际生产、储存、运输环境下的热积累、热失控情况。这就催生了加速量热仪，或者又称为绝热加速量热仪的技术。本实验目的如下。

（1）掌握绝热加速量热仪测定化学反应失控危险性的基本原理；

（2）了解绝热加速量热仪的基本结构；

（3）学会仪器的使用操作方法。

二、实验原理

加速量热仪（Accelerating Rate Calorimeter，简称 ARC）是由美国 Dow 化学公司研制、经美国哥伦比亚科学公司商业化的基于绝热原理设计的一种热分析仪器，设计目的就是要将其用于评估物质的热危险性，并得到有关反应热力学和动力学的信息。它能够成功模拟失控反应并量化某些化学品和混合物的热、压力危险性,ARC 能够将试样保持在绝热的环境中测得放热反应过程中的时间、温度、压力等数据,可以为化学物质的动力学研究提供重要的基础数据。仪器使用简单,灵敏度高,可以测试任何样品的物理状态和含能水平,其结果易于处理和分析,自开发以来,已经成为全球最为广泛使用的绝热安全量热技术。ARC 是一种宏观绝热量热技术,通过特殊的探测步骤,自动跟踪放热过程,快速准确地提供放热反应的热力学和动力学信息、系统压力信息,实现对一个反应系统的危险评估。

　　ARC 系统的基本结构如图 20-1 所示,球形样品室悬在绝热炉中间。绝热炉分为上部、周边和底部 3 个主要区域,顶部和底部有水平放置的加热器,周边沿炉体均匀分布有加热器,3 个区域各嵌有一个热电偶用于控制各自区域的温度。另外一个热电偶与样品室相连,用于测试样品温度。控制系统通过保持小球与绝热炉体的温度相同来实现绝热环境,从而研究样品在绝热环境下的自加热情况。样品球通过压力管与压力测试系统相连,实时监测系统的压力变化。系统在进行测试运行前要先进行标定以消除温度漂移的影响。

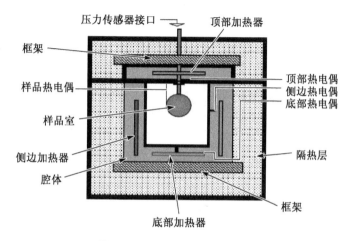

图 20-1　ARC 系统的基本结构

　　实验时,把准备好的试样容器在绝热条件下加热到预先设定的初始温度,并经一定的待机时间(常为 5~10min)以使之达成热平衡,然后观察其自反应放热速度是否超过设定值(通常为 0.02℃/min)。未检出放热时,把试样温度提高一个台阶,一般为 5℃,如上经过待机时间后再检查其放热情况。如此按同样的步高反复阶梯式探索若干次。一旦检知开始放热,实验系统便自动地进入严密的绝热控制,并按规定的时间间隔记录下时间、温度、放热速度和压力这四个数据。反应完成到自放热速度低于设定值后,便由此温度开始再次进入阶梯式探索。但一般只做到400℃就终止实验。在利用 ARC 测量时,样品放置于炸膛内,然后加热至初始温度,外部加热器跟踪样品温度,以保证绝热。ARC 的探测灵敏度很高,测试得到的初始放热温度较低,斜率敏感度最低可达 0.005℃/min。其缺点是大多数实验炸膛自身的影响因子较大,实验结果需要校正;不能跟踪速度非常快的反应;每次实验所需时间较长。

三、实验仪器

　　实验所用仪器为德国耐驰(NETZSCH)公司生产的量热仪 MMC274,它是一台多模块化绝热量热仪,适用于测量放热化学反应的热量、反应速率、比热容、相变、气体产生速率、压力变化,还可以检测吸热反应。多模块量热仪由两个部分组成:主机部分(包括电子系统)及可更换的量热仪模块。这确保了最大的灵活性。仪器针对不同的应用,提供多种可更换的量热仪模块。其核心功能如下。

(1)多种测量模式集于一体,覆盖宽广的应用领域:扫描模式(恒功率,线性升温)、等温模式和加热等待探测的绝热模式,可用于过程安全测试;

(2)基于同一台桌面型仪器,有多种量热仪模块可供选择:ARC 模块,用于安全测试;外部样品加热器模块,用于类似于 DSC 的扫描测试;VariPhiTM 模块,用于火灾模拟、比热容与吸热效应测试;

(3)宽广的温度范围;

(4)宽广的压力范围;

(5)多种多样的样品容器,由不同的材质制成,提供不同的尺寸规格;

(6)Proteus 软件,用于分析起始点、峰温、面积等,MMC 数据可与其他热分析数据一起在同一界面中进行分析。

其技术参数如下:温度范围常温～500℃;压力范围 0～100bar[①];升温速度 0～2K/min;热流灵敏度 25～250μW/g(等温模式为 25μW/g,动态模式为 250μW/g);扫描灵敏度 0.02K/min;动态范围 0.000 012 5～350W(不同模式);炸腔容积:0.1～2.5mL;样品种类包括固体、液体、粉末等;选件包括搅拌、注入、排放、高温,以及针对特殊应用定制的样品容器。ARC 的测试运行为加热—等待—探测(HWS)模式(图 20-2)。

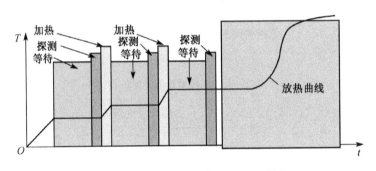

图 20-2　ARC 工作模式——HWS 模式

样品首先被加热(Heat)到一个预定的初始温度,等待(Wait)一段时间,使试样和绝热炉体间达到一个热平衡。然后进入探测(Search)模式。如果没有探测到放热,仪器以设定的幅度升温,开始另一轮的"加热—等待—探测",直到样品自身的升温速率高于初始设置的测试阈值,然后仪器自动进入"放热"方式,保持绝热状态直到反应结束,同时记录反应过程的温度和压力变化。

---

① 　1bar=10^5Pa。

四、材料和试剂

实验测定浓度 30％的过氧化氢溶液（试剂级），是实验室常见的试剂。过氧化氢在常温可以发生分解生成氧气和水（缓慢分解），在加热或者加入催化剂后能加快其分解，引发危险事故，过氧化氢被分类为易燃易爆危险化学品，其安全风险受到了人们越来越多的关注。近年来，由过氧化氢引起的事故屡见不鲜，种种事故表明过氧化氢的自加热反应不稳定性是对过氧化氢进行有效生产、运输、储存和使用过程中的一大障碍。

五、实验内容及方法

（1）用移液管量取适当的过氧化氢溶液注入已称重的钛制炸膛中，精确称取注液后炸膛重量，计算并记录注入溶液重量。

（2）安装样品：翻开量热仪的顶罩，移开左右两个安全扣，提起测量头。当测量头提到最高位置时会自动锁定。安装装有样品的炸膛（图 20-3）。随后放下测量头、扣上安全扣、再合上仪器顶罩。

（3）启动仪器：打开 MMC 仪器背后的电源。计算机开机，进入操作系统。双击打开桌面上的 NETZSCH 文件夹，再双击 MMC274 打开控制软件，软件会弹出如图 20-4 所示对话框。

图 20-3　安装样品示意图

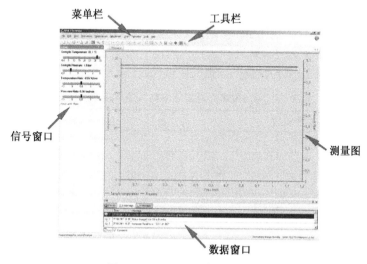

图 20-4　MMC274 操作主界面

（4）点击主界面左上部的"File"按钮，选择"New Measurement Definition"，出现相应的导航栏。按照从左到右的顺序逐次点击导航栏上的各个按钮输入相关信息，本实验的相关参数设置如表 20-1 所示，完成全部设定并开始实验。

表 20-1　ARC 实验参数

指　　标	数　　值
初始温度	35℃
最高温度	250℃
升温步阶	5℃
升温速率	2℃/min
冷却温度	50℃
Search 阶段放热阈值	0.02℃
放热追踪最高温度	300℃
VariPhi 功能补偿因子	1

（5）仪器启动 ARC 工作模式（HWS），自动完成测量并记录数据。

（6）待一组实验结束之后，用绝热加速量热仪配套 Proteus Analysis 软件打开测试结果曲线，进行热化学特性分析。

六、实验数据记录与结果处理

许多辨识危险情况的危险评价方法都是基于对物质的热化学特性的深入了解。对 ARC 测试结果进行热动力学分析可以得到多种放热反应的热动力学参数。对单一 ARC 实验，可以得到如下信息。

（1）在绝热条件下，放热反应过程中温度与时间的关系；

（2）在绝热条件下，放热反应过程中升温速率与温度、时间的关系；

（3）反应系统内，压力变化速率与温度、时间的关系；

（4）在绝热、恒温条件下，反应达到最快速度所需的时间；

（5）反应的活化能等动力学参数。

根据实验对 30%过氧化氢溶液绝热加速反应过程进行分析，表 20-2 为一实验结果示例。

表 20-2　30%过氧化氢溶液绝热加速反应实验结果

热特性参数	实验结果
初始放热温度 T_0/℃	35
最高放热温度 T_f/℃	180.6
绝热温升 ΔT_{ad}/℃	145.6
初始放热升温速率 m_0/(℃·min^{-1})	0.02
最高升温速率 m_m/(℃·min^{-1})	46.21
初始放热压力 p_0/bar	1.3
最大压力 p_f/bar	75.9
绝热压升 Δp_{ad}/bar	74.6
初始压力上升速率/(bar·min^{-1})	0.052
最大压力上升速率/(bar·min^{-1})	26

七、思考题

（1）指出 ARC 与 DSC 热分析方法的异同。
（2）分析影响过氧化氢绝热加速反应速率测量准确性的因素。
（3）提出实验改进意见。

实验 21　超声波测厚实验

一、实验目的

测厚的方法很多,相应的仪器也很多,除一般机械法测厚外,常用的测厚仪从原理上有射线测厚仪、超声波测厚仪、磁性测厚仪、电流法测厚仪等。超声波测厚仪与利用其他原理制作的测厚仪相比,有小型、轻便、测量速度快、精度高、电池供电、容器内积累污垢不影响测量精度等优点。因此,近年来工业上测厚所使用的测厚仪大部分都是超声波测厚仪。超声波测厚仪采用超声波测量原理,适用于能使超声波以一恒定速度在其内部传播,并能从其背面得到反射的各种材料厚度的测量。按此原理设计的测厚仪可对各种板材和各种加工零件做精确测量,用于监测生产设备中各种板材、管材壁厚、锅炉容器壁厚及其局部腐蚀、锈蚀的情况,对设备安全运行及现代化管理起着重要的作用,可广泛应用于石油、化工、冶金、造船、航空、航天等各个领域。本实验目的如下。

（1）了解超声波测厚的基本原理和方法,以及超声检测的相应规范;
（2）掌握超声波检测仪的使用,并能利用脉冲反射技术实现钢板厚度的正确测量。

二、实验原理

超声波是频率高于 20kHz,不能听到的波。用于超声检测的频率范围为 $20kHz < f < 100MHz$。金属材料超声检测频率范围为 $(0.5 \sim 20)MHz$。对固体来说,各种波形的超声波均可用来检测。声速 c,波长 λ,频率 f 三者之间关系为 $c = f\lambda$。超声波测厚是根据超声波脉冲反射原理来进行厚度测量的,脉冲反射式测厚仪从原理上来说是测量超声波脉冲在材料中的往返传播时间 t,即:$d = ct/2$,如果声速 c 已知,那么,测得超声波脉冲在材料中的往返传播时间 t,就可求得材料厚度 d。

超声波测厚仪工作原理见图 21-1。利用超声脉冲反射法进行测厚,超声波在同一均匀介质中传播时,声速为常数,在不同介质的界面上则具有反射特性。当发射的脉冲通过换能器发射晶片经延迟块接触被测件表面时,超声脉冲即射向被测件,以一固定声速向被测件深处传播。在达到被测件的另一面时,反射回来被另一接收晶片所接收。只要测出从发射到接收超声脉冲所需要的时间。扣除经延迟的来回时间,再乘上被测件的声速常数,就是超声脉冲在被测件中所经历的来回距离,由此可得厚度值。此数值在测厚仪上可直接显示。

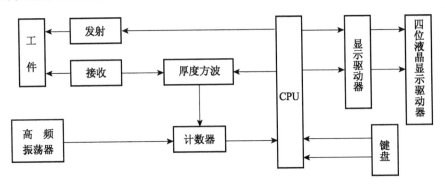

图 21-1　超声波测厚仪工作原理

脉冲反射式测厚仪电路主要是由主控器、发射电路、接收放大电路、计算电路、厚度显示等几部分组成的。下面就其中几个主要部分讨论如下。

(1) 发射电路:该电路是经主控器发出的脉冲触发后,产生一窄的发射脉冲信号,使换能器(探头)发射超声脉冲。从提高分辨能力和降低测厚仪范围的下限考虑,要求发射脉冲上升时间短,脉冲宽度窄。影响发射脉冲宽度的因素既有电路上的问题,也有探头的制作问题。从提高灵敏度和扩大测量范围上限考虑,要求发射功率大。目前脉冲式超声波测厚仪均采用晶体管电路和集成电路,为了提高发射强度,需将几伏电源电压通过直流变换器升到几十伏至几百伏的电压,供给发射管,借以提高发射强度。

(2) 接收放大电路:它主要是接收放大工件的底面反射信号。底面反射信号的幅度除受发射脉冲强度影响外,还受被测工件表面粗糙度、耦合、材质及工件底面情况等影响,因此反射信号的幅度变化范围很大,为使仪器有足够的灵敏度,要求放大电路有较高的增益。但过分提高增益会使脉冲宽度变宽而影响测量精度。

(3) 计算电路和厚度显示:数字式测厚仪测读数最方便,测量精度也高,精度可达±0.01mm,目前国内外生产的脉冲式超声波测厚仪主要是数字式的。数字式测厚仪发射脉冲和经过放大的底面反射信号(或相邻两个底面反射信号)触发厚度闸门控制电路,输出一个宽度与被测工件中超声波传播时间成正比的方波。用这一方波来控制闸门电路启闭。高频振荡器输出一系列高频振荡信号。在闸门电路开启期间,这些高频信号通过闸门进入计数器而被计数,最后数字管显示出开门时间内的高频振荡次数。计数与开门方波宽度成正比,方波宽度又正比于工件厚度,因此,计数正比于工件厚度。高频振荡器的频率是可调的,根据不同的材料可调节振荡频率,使之开门时间内振荡次数等于工件厚度,这样数字管就能直接显示出厚度来。

三、实验仪器

实验所用 TT300 型超声波测厚仪各部分名称见图 21-2,仪器性能指标如下。

(1) 测量范围:0.75～300mm;

(2) 显示分辨率:0.01mm 或 0.1mm(100mm 以下),0.1mm(99.99mm 以上);

示值误差：±(1% H+0.1)mm,其中 H 为标准厚度块的实际值；

（3）管材的测量下限(钢)：$\varnothing$20mm×3mm(5MHz 探头)，$\varnothing$15mm×2mm(10MHz 探头)；示值误差不超过±0.1mm；

（4）声速调节范围：1 000～9 999m/s。

四、实验材料与试剂

材料：镀铬游标卡尺；砂纸。

试剂：耦合剂；各种材料的试样。

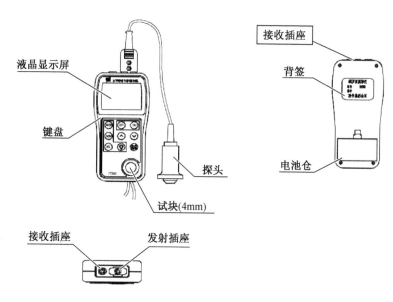

图 21-2　仪器各部分名称

屏显示：

F1—存储测量值的文件号

5M—探头频率

LIMIT—报警设置

MENU—菜单

凸—耦合标志

BATT—低电压标志

MIN—最小捕捉标志

HIGH(LOW)—增益指示

键盘功能说明：

ON—开机键

OFF—关机键

MODE—功能选择键

MEM—存储键

VEL—声速键

ENTER—二点校准；配合功能键操作使用

∧—声速、厚度调整；菜单光标移动键

∨—声速、厚度调整；菜单光标移动键

—背光

五、实验内容及方法

1. 测量准备

（1）将探头插头插入主机探头插座。

（2）按住"ON"键直到屏幕出现显示，全屏幕显示数秒后显示上次关机前使用的声速。此时可开始测量。

2. 设定探头频率

按"MODE"键移动光标至探头频率位置，每按一次 ENTER 键将依次显示 2M（2MHz）、5M（5MHz）、10M（10MHz）、20M（20MHz 高功率），根据需要设定探头频率，按"ENTER"键改变设定值。

3. 声速调整

如果当前屏幕显示为厚度值，按"VEL"键进入声速状态，屏幕将显示当前声速存储单元的内容。每按一次，声速存储单元变化一次，可循环显示五个声速值。如果希望改变当前显示声速单元的内容，用"∧"键或"∨"键调整到期望值即可，同时将此值存入该单元。

4. 测量厚度

先设置好声速，然后将耦合剂涂于被测处，将探头与被测材料耦合即可测量，屏幕将显示被测材料厚度，拿开探头后，厚度值保持，耦合标志消失，如图 21-3 所示。当探头与被测材料耦合时，显示耦合标志。如果耦合标志闪烁或不出现说明耦合不好。

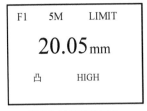

探头与被测材料耦合

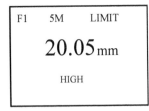

拿开探头后

图 21-3　超声测厚结果屏幕显示图

测量中的使用技巧如下。

（1）一般测量方法：在一点处用探头进行两次测厚，两次测量中探头串音隔层板要互相垂直，取较小值为被测工件厚度值；当测量值不稳定时，以一个测定点为中心，在直径约为 30mm 的圆内进行多次测量,取最小值为被测工件厚度值。

(2) 精确测量法:在规定的测量点周围增加测量数目,厚度变化用等厚线表示。

(3) 连续测量法:用单点测量法沿指定路线连续测量,间隔不大于 5mm。

(4) 网格测量法:在指定区域画上网格,按点测厚记录。此方法在高压设备、不锈钢衬里的腐蚀检测中广泛使用。

5. 测量声速

如果希望测量某种材料的声速,可利用已知厚度试块测量声速。先用游标卡尺或千分尺测量试块,准确读取厚度值。将探头与已知厚度试块耦合,直到显示出一厚度值,拿开探头后,用"∧"键或"∨"键将显示值调整到实际厚度值,然后按"VEL"键即可显示出被测声速,同时该声速被存入当前声速存储单元,声速测量必须选择足够厚度的测试块,推荐最小壁厚为 20.0mm。

6. 厚度值存储与查看

厚度值存储分 5 个文件,每个文件可存 100 个测量值。存储数据之前先要设定文件号。如果选择当前文件号,测量后可直接按"MEM"键将测量值存入。文件号设定步骤如下。

(1) 用 MODE 键将光标移至 F1 位置;

(2) 按"ENTER"键,文件号按 F1～F5 可循环显示,按"VEL"键或进行一次测量可退出设置。

文件号设定好之后,每次测量完可按"MEM"键将测量值存入文件,存储完成后显示一次"Memory"进行提示。

查看存储内容如下。

(1) 按"MODE"键将光标移至 F1 位置,然后选择文件号;

(2) 按"MEM"键可进入查看存储内容状态;

(3) 按"∧"键或"∨"键可查看存储的全部数据。

六、注意事项

(1) 测量前应清除被测物体表面所有的灰尘、污垢及锈蚀物,铲除油漆等覆盖试块物。探头上涂抹耦合剂应适量,并保证贴着钢板表面滑进和滑出,中间无气隙。

(2) 材料的温度影响:材料的厚度与超声波传播速度均受温度的影响,若对测量精度要求较高时,可采用试块对比法,即用相同材料的试块在相同温度条件进行测量,并求得温度补偿系数,用此系数修正被测工件的实测值。

(3) 探头的保护:探头表面为丙烯树脂,对粗糙表面的重划很敏感,因此在使用中探头应轻取轻放,防止掉落地上而造成损坏。测粗糙表面时,尽量减少探头在工作表面的划动。常温测量时,被测物表面温度不应超过 60℃,否则探头不能再用。油、灰尘的附着会使探头线逐渐老化、断裂,使用后应清除缆线上的污垢。

(4) 电池的更换:出现低电压指示标志后,应及时更换电池。仪器长时间不使用时应将电池取出，以免电池漏液，腐蚀电池盒与极片。

（5）使用后将随机试块擦干净。气温较高时不要沾上汗液。长期不使用应在随机试块表面涂上少许油脂防锈，当再次使用时，将油脂擦净后，即可进行正常工作。酒精、稀释液等对机壳尤其是液晶显示屏有腐蚀作用，故清洗时用少量清水轻轻擦拭即可。

七、实验数据记录与结果处理

记录试样材料和形状、实测厚度与普通量具测得厚度值及两者误差（表 21-1）。

表 21-1　超声波测厚仪数据记录表

时间：　　　　　　　　　　温度：　　　　　　　　　　湿度：

被测物		测试点										
		1		2		3		4		5		6
名称	形状	超声	游标	超声	游标	超声	游标	超声	游标	超声	游标	超声	游标
误差/mm												

八、思考题

讨论影响超声波测厚仪示值的主要因素。

第四篇

材料阻燃性能实验

实验 22　可燃固体氧指数测定实验

一、实验目的

有机合成材料的出现是材料发展史上的一次重大突破,对人类摆脱只能依靠天然材料的历史产生了极大的推动作用。随着经济技术水平的提高,有机合成材料品种越来越多。合成塑料、合成纤维、合成橡胶就是通常人们所说的三大合成材料,在生活中用得最多的是塑料。有机合成材料与天然材料相比具有许多优良的性能,在日常生活、农业、工业生产及国防科学技术等领域中发挥着重要作用。

但是,新型材料应用于各领域中时其安全性能是不容忽视的,有机合成材料的易燃性大大限制了它的使用场合。因此,随着有机合成材料使用范围的日益扩大,有机合成材料的阻燃研究工作也日益发展。于是,针对有机合成材料的燃烧过程及其特征,建立起了众多的有关燃烧特性的标准试验方法,以此来鉴定产品质量及鉴别有关阻燃配方和工艺的优劣,其中常用氧指数衡量材料的燃烧性。物质燃烧时,需要消耗氧气。不同的可燃物,燃烧时需要消耗的氧气量不同。所谓氧指数(Oxygen Index,简称 OI)是指在规定的试验条件下,试样在氧氮混合气流中,维持平稳燃烧(即进行有焰燃烧)所需的最低氧气浓度,以氧气所占的体积百分数的数值表示。通过对物质燃烧过程中消耗最低氧气量的测定,计算出物质的 OI 值,以此评价物质的燃烧性能。

费尼莫(Fennimore)和马丁(Martin)于 1966 年提出了采用 OI 法判断聚合物材料可燃性的方法。这种方法重现性好,而且能给出数字结果,所以 OI 技术发展很快,很多国家相继建立并使用 OI 值作为评价聚合物材料可燃性的试验方法,例如美国的《氧指数测定标准》ASTM-D2863、日本的《高分子材料燃烧性能的试验方法:氧指数法》JIS K7201—1999 等。我国目前执行的标准为《塑料 用氧指数法测定燃烧行为》GB/T 2406—2009,也是以 OI 值作为评价标准。本实验目的如下。

(1)熟悉氧指数测定仪的组成、结构和工作原理;

(2)明确氧指数的定义及其用于评价有机合成材料相对燃烧性的原理;

(3)掌握运用氧指数测定仪测定有机合成材料氧指数的基本方法;

(4)计算氧指数,评价有机合成材料的燃烧性能。

二、实验原理

本实验采用氧指数测定仪来测定物质燃烧过程中所需氧的体积分数,以获得被测物的 OI 值。该仪器适用于塑料、橡胶、纤维、泡沫塑料及各种固体的燃烧性能的测试,准确性、重复性好,因此普遍被世界各国所采用。

OI 值的测试方法,就是把一定尺寸的试样用试样夹垂直夹持于透明燃烧筒内,筒内有按一定比例混合的向上流动的氧氮气流。点着试样的上端,观察随后的燃烧现象,记录持续燃烧时间或燃烧过的距离,试样的燃烧时间超过 3min 或火焰前沿超过 50mm 标线时,就降低 O_2 浓度[①],试样的燃烧时间不足 3min 或火焰前沿不到标线时,就增加 O_2 浓度,如此反复操作,从上、下两侧逐渐接近规定值,至两者的浓度差小于 0.5%。表 22-1 列出部分聚合物材料的 OI 值。

表 22-1　若干聚合物的 OI 值

聚合物名称	OI 值	聚合物名称	OI 值	聚合物名称	OI 值
聚甲醛	15	聚环氧乙烷	15	聚甲基丙烯酸甲酯	17
聚丙烯腈	18	聚乙烯	18	聚丙烯	18
聚丁二烯	18.5	聚苯乙烯	18.5	聚异戊二烯	18.5
纤维素	19	聚对苯二甲酸乙二酯	21	聚乙烯醇	22
尼龙 66	23	羊毛	25	聚碳酸酯	27
Nomex(商)(聚间苯二甲酰间苯二胺)	28.5	聚苯醚	29	聚砜	30
聚酚醛树脂	35	氯丁橡胶	40	聚苯丙咪唑	41.5
聚氯乙烯	42	聚偏氯乙烯	44	碳(石墨)	60
聚四氟乙烯	95				

①　指 O_2 的体积分数。

大量试验证明,OI 值在 27～60 之间的材料,在空气中一般都能自熄。日本消防厅规定 OI 值>26 以上为难燃塑料。根据 OI 值通常把纤维织物分为三级,即 OI 值<20 时一般认为是易燃的,在 25～31 之间认为是阻燃的,在 35～40 之间认为是不燃的。普通纤维的 OI 值在 15～20 之间。日本 JIS K7201 规定:OI 值>30 定为难燃 1 级,OI 值在 27～30 定为难燃 2 级,OI 值在 24～27 定为难燃 3 级,OI 值在 21～24 定为难燃 4 级,OI 值<21 定为难燃 5 级。

OI 法是在实验室条件下开展的材料燃烧性能的评价方法,聚合物的氧指数与其燃烧时的成炭率、比燃烧焓及元素组成等因素有关。它可以对窗帘、幕布、木材等许多新型装饰材料的燃烧性能做出准确、快捷的检测评价。需要说明的是 OI 法并不是唯一的判定条件和检测方法,但它的应用非常广泛,已成为评价燃烧性能级别的一种有效方法。

三、实验仪器

HC-2 型氧指数测定仪由燃烧筒、试样夹、流量测量和控制系统组成(图 22-1)。其他辅助配置有气源、点火器、排烟系统、计时装置等。

燃烧筒为一耐热玻璃管,高为 450mm,内径为 75～80mm,筒的下端插在基座上,基座内填充直径为 3～5mm 的玻璃珠,填充高度为 100mm,玻璃珠上放置金属网,用于遮挡燃烧滴落物。

试样夹安装在燃烧筒的轴心位置上。供气系统由压力表、稳压阀、调节阀、转子流量计及管路组成,计算后的 O_2、N_2 经混合气室混合后由燃烧筒底部的进气口进入燃烧筒,燃烧筒内混合气体流速控制在(4 ± 1)cm/s。流量计最小刻度为 0.1L/min。

点火器由装有丁烷的小容器瓶、气阀和内径为 1～3mm 的金属导管喷嘴组成,火焰长度可调,试验时调节火焰长度为 1～2cm。金属导管能从燃烧筒上方伸入筒内,以点燃试样。

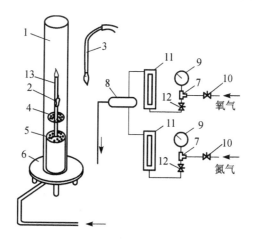

图 22-1 HC-2 型氧指数测试仪装置组成示意图

1—燃烧筒;2—试样夹;3—点火器;4—金属网;5—放玻璃珠的筒;
6—底座;7—三通;8—气体混合器;9—压力表;10—稳压阀;
11—转子流量计;12—调节阀;13—燃烧着的试样

四、实验药品

采用一种有机材料为试样。试样尺寸应符合表 22-2 中的尺寸要求。

表 22-2 氧指数试样尺寸规格

试样形状	长/mm		宽/mm		厚/mm		用途
	基本尺寸	极限偏差	基本尺寸	极限偏差	基本尺寸	极限偏差	
Ⅰ	80～150		10		4	±0.25	用于模塑材料
Ⅱ					10	±0.5	用于泡沫材料
Ⅲ				±0.5	≤10.5		用于片材"接收状态"
Ⅳ	70～150		6.5		3	±0.25	电器用自撑模塑材料或板材
Ⅴ	140	−5	52		≤10.5		用于软膜或软片

注:1. 由于该项试验需反复预测气体的比例和流速,预测燃烧时间和燃烧长度,影响测试结果的因素比较多,因此每组试样必须准备多个(10 个以上),并且尺寸规格要统一,特别是内在质量密实度、均匀度要一致。

2. 试样表面清洁,无影响燃烧行为的缺陷,如应平整光滑,无气泡、飞边、毛刺等。

3. 对Ⅰ、Ⅱ、Ⅲ、Ⅳ型试样,标线画在距点燃端 50mm 处;对Ⅴ型试样,标线画在框架上或画在距点燃端 20mm 和 100mm 处。

五、实验内容及方法

试验装置应放置在温度 23℃±2℃ 的环境中。必要时将试样放置在温度为 23℃±2℃ 和湿度为 50%±5% 的密闭容器中,当需要时从容器中取出。进行下一次 OI 值测定时,应取出前一次测试后的试样,擦净燃烧筒和点火器表面的污物,使燃烧筒的温度恢复室温或另换一个温度为室温的燃烧筒再进行。如果试验过的试样还足够长,可将试样倒过来或剪掉燃烧部分后再次使用,这样可以节省材料。

实验的基本步骤如下。

(1) 检查气路,确定各部分连接无误,无漏气现象。根据 GB/T 2406 规定的燃烧柱内混合气体流速(4cm/s±1cm/s)及含氧燃烧柱的截面积,计算出气体的总流量为 10L/min,再分别计算出不同比例 O_2 和 N_2 的流量。

(2) 根据资料或经验选定试验所需最初 O_2 的浓度。如果不能确定,可在空气中点燃试样,注意观察燃烧情况。如试样在空气中迅速燃烧,则开始实验时的 O_2 浓度为 18% 左右;如在空气中缓慢燃烧或时断时续,则 O_2 浓度为 21% 左右;如果试样在空气中点燃后离火马上熄灭,则 O_2 浓度至少为 25%。

(3) 安装试样:对每根标准试样进行测量并记录,在试样一端 50mm 处画线,取下燃烧筒的玻璃管,将另一端插入燃烧柱内,垂直地安装在燃烧筒的中心位置上,用夹具夹住,保证试样顶端低于燃烧筒顶端至少 100mm,罩上燃烧筒(注意燃烧筒要轻拿轻放)。

(4) 通气并调节流量:开启 O_2、N_2 气钢瓶阀门,调节减压阀压力为 0.2~0.3MPa。然后开启 O_2 和 N_2 稳压阀(应注意:先开 N_2,后开 O_2,且阀门不宜开得过大),调节仪器压力表指示压力为 $0.1MPa\pm0.01MPa$,并保持该压力(禁止使用过高气压)。调节流量调节阀,通过转子流量计读取数据(应读取浮子上沿所对应的刻度),得到流速稳定的 O_2、N_2 气流,与此同时检查仪器 O_2、N_2 压力表指针是否在 0.1MPa 处,否则应调节到规定压力。当 N_2+O_2 压力表不大于0.03 MPa 或不显示压力为正常,超过此压力则应检查燃烧柱内是否有结炭、气路堵塞现象,直至符合要求为止。应注意:在调节 O_2、N_2 浓度后,必须用调节好流量的氧氮混合气流冲洗燃烧筒至少 30s(置换排出燃烧筒内的空气)。

(5) 点燃试样:采用顶面点燃法用点火器点燃试样,即用点火器从试样的顶部中间点燃(点火器火焰长度为 1~2cm)。将火焰的最低部分施加于试样的顶面,如需要,可覆盖整个顶面,但不能使火焰对着试样的垂直面或棱。施加火焰 30s,每隔 5s 移开一次,移开时恰好有足够时间观察试样的整个顶面是否处于燃烧状态。在每增加 5s 后,观察整个试样顶面持续燃烧情况,若此时试样已被点燃,立即移开点火器,并开始记录燃烧时间和观察燃烧长度。点燃试样时,若在 30s 内不能点燃,则应增大 O_2 浓度,继续上述操作,直至 30s 内点燃为止。

(6) 确定临界氧浓度的大致范围:点燃试样后,立即开始计时,观察试样的燃烧长度及燃烧行为。若燃烧终止,但在 1s 内又自发再燃,则继续观察和计时。如果试样燃烧时间超过 3min,或燃烧长度超过 50mm,说明 O_2 浓度太高,必须降低,此时记录实验现象为"×";如试样燃烧在 3min 或 50mm 之前熄灭,说明 O_2 浓度太低,需提高 O_2 浓度,此时记录实验现象为"○"。如此在 O_2 的体积分数的整数位上寻找这样相邻的四个点,要求这四个点处的燃烧现象为"○○××"。例如若氧浓度为 26% 时,烧过 50mm 的刻度线,则氧过量,记为"×",下一步调低氧浓度,在氧浓度为 25% 时做第二次,判断是否为氧过量,直到找到相邻的四个点为氧不足、氧不足、氧过量、氧过量,此范围即为所确定的临界氧浓度的大致范围。

(7) 在上述测试范围内,缩小步长,从低到高,氧浓度每升高 0.5% 重复一次以上测试,观察现象并记录。根据上述测试结果确定 OI 值。

六、实验数据记录与结果处理

(1) 实验数据记录(表 22-3)

表 22-3　氧指数测量实验数据记录

实验次数	1	2	3	4	5	6	7	8	9	10
氧浓度/%										
氮浓度/%										
燃烧时间/s										
燃烧长度/mm										
燃烧结果										

说明:第二、三行记录的分别是氧气和氮气的体积分数(需将流量计读出的流量计算为体积

分数后再填入）。第四、五行记录的燃烧长度和时间分别为：若氧过量，则记录燃烧到 50mm 所用的时间，或燃烧 3min 时所烧掉的长度；若氧不足，则记录实际熄灭的时间和实际烧掉的长度。第六行的结果即判断氧是否过量，氧过量记"×"，氧不足记"○"。

（2）数据处理

根据上述实验数据，取氧不足的最大氧浓度值和氧过量的最小氧浓度值两组数据计算平均值。根据下式计算试样的 OI 值：

$$[OI] = \frac{[O_2]}{[O_2] + [N_2]} \times 100\% \tag{22-1}$$

式中 $[O_2]$——测定浓度下氧的体积流量，L/min；

      $[N_2]$——测定浓度下氮的体积流量，L/min。

应该注意的是，OI 值的测定结果受气体流速、试样厚度、气体纯度、火焰高度、点燃用气体、点燃方式、环境温度、试样夹持方式等一系列因素的影响，所以测定应在严格规定下进行，结果才会具有良好的重现性和准确度。不同型式、不同厚度的试样，其测试结果不可比。此外还要注意非均质材料试样的位置和方向，因为材料的不均匀性会导致着火难易程度和燃烧行为的不同，例如从各向异性薄膜上不同方向切取的试样在受热时呈现不同程度的收缩，对 OI 值试验结果产生很大的影响。

在所有材料可燃性测定试验中，OI 值测定具有特别重要的地位。对于很多可燃性试验，其结果都是"通过"或"不通过"，或者将材料划分阻燃性等级，但 OI 值测定的结果则是量化的。材料自身的组成、结构及各种添加剂如填料、增塑剂、阻燃剂等的种类和含量对其氧指数有极大影响，根据实验数据，可对实验材料的燃烧性能进行评价。OI 值对研制阻燃材料，特别是对比较材料的阻燃性，是一个很有用的技术指标，它反映了材料燃烧时对氧的敏感程度。但用 OI 值来评价成品元器件中材料的可燃性，则不一定是恰当的，因为测定 OI 值的实验室条件并不能反映火灾的真实情况。认为 OI 值大于 21 的材料在大气中不致燃烧的观点是不正确的，因为测定 OI 值时，试件是在人为的富氧大气中，从上向下点燃的，而在实际火灾过程中，材料可由下向上燃烧，这时就存在对上部材料的预热作用，所以 OI 值大于 21 的材料也可能在空气中燃烧。

七、思考题

（1）什么是 OI 值？如何用 OI 值评价材料的燃烧性能？

（2）HC-2 型氧指数测定仪适用于哪些材料的测定？如何提高实验数据的测试精度？

（3）实验中如果 $N_2 + O_2$ 压力表显示值超过了 0.03MPa，可能是哪些因素造成的？

实验 23   可燃固体着火点测定实验

一、实验目的

有机合成材料燃烧的过程大致可分为 5 个阶段：加热阶段、热分解阶段、着火阶段、燃烧阶段和传播阶段。从消防安全考虑,应重视能够反映材料火灾危险的试验方法。影响火灾危险性的因素很多,情况不同,各种因素的重要性也不相同。想用一种试验方法反映出材料所有的火灾危险性是不可能的。有关火灾危险性方面的试验方法总是以其中某一因素为主进行测定。火灾危险性的几个主要因素是着火性、火焰蔓延、放热量和放热速度、烟及燃烧产物的毒性等。材料的着火,既是燃烧过程中的一个重要阶段,又是反映材料火灾危险性的一个重要因素。着火受材料的三个性质决定:闪燃温度、自燃温度、极限氧浓度。极限氧浓度即氧指数的测定已在上一个实验中阐明,本实验着重闪燃温度的测定,实验目的如下。

(1) 理解固体闪燃温度的概念及其用于评价有机合成材料相对燃烧性的原理;

(2) 熟悉点着温度测定仪的组成、结构和工作原理;

(3) 掌握点着温度测定仪的基本操作方法。

二、实验原理

点着温度定义为在规定试验条件下,材料分解放出可燃气体,经外界火焰点燃并维持燃烧一定时间的最低温度。ISO 871、ASTM D1929、GB 9343 及 GB 4610 都是测定点着温度的标准方法。但实际上,这些方法测定的是塑料的闪燃温度和自燃温度。闪燃温度是高聚物分解产生的可燃性气体被火焰或火花点燃的温度,它通常高于起始分解温度。自燃温度是高聚物本身的化学反应导致其自燃的温度,它一般高于闪燃温度(但也有例外),因为引发自身维持的分解比引发依靠外力维持的分解需要更多的能量。材料的闪燃温度不是一个绝对的定量指标,因为它与测定设备的几何特征,特别是与分解气体与大气中氧的混合情况有关。本实验根据 GB 4610 与 ISO 871 测定塑料的点着温度,该温度表征塑料分解出的可燃气体,经外火焰点燃并能持续燃烧一定时间的最低温度。实验通过预先设定温度值,在达到设定温度后,判断是否可以使用明火点燃被测物质而确定物质的点着温度。需要说明的是,物质达到着火点不一定会发生燃烧,所以,物质的点着温度低于其燃点。

三、实验仪器与材料

实验所用仪器为圆柱形的锭炉(图 23-1),直径为 100mm,高为 100mm。有温度计、控温元件及几个容器的插孔。锭炉附有电加热和恒温控制系统,使锭炉能在 150～450℃之间任何温度上恒定,允许误差为 ±2℃。用以插入装试样的不锈钢小管(内径 9mm,高 48mm)为壁厚 1mm 的圆筒,带有一个长 10mm、内径 1.5mm 喷嘴的盖子。点火器为内径 0.8mm左右的喷嘴,采用可燃气,当喷嘴向上时火焰高 10～15mm。实验使用 DW-02 型点着温度测定仪

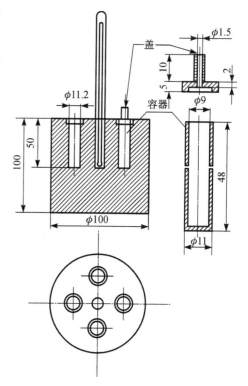

图 23-1 塑料点着温度测定用锭炉

进行。试样采用 ABS 有机塑料,试样量 1g,所用塑料试样为粒径 0.5～1.0mm 的粉末,使用前应筛分。

四、实验内容及方法

~~~~~~~~~~ 1. 仪器调整 ~~~~~~~~~~

(1) 将对号插头插入座内,合上总电源,按下电源开关,指示灯即亮,然后拨动"升温←→降温"手柄(在炉体侧面),使其通风孔封闭。测定材料点着温度时,对温度要求较高。若通风口打开,则空气流动加快,周围的环境温度会迅速下降,抑制了材料温度,使得测量的温度值偏高。

(2) 设定温度:把"设定/显示"按钮(绿色按钮)按下,然后旋转"温度调节"旋钮,看到温度值与设定温度值一致时,再按一下"设定/显示"按钮,则所看到的温度值是炉体当前的实际温度值,此时需要注意红色按钮应处于弹起状态。

(3) 在所需温度恒温 5～10min 即可进行试验。

(4) 试验结束时按"降温"按钮(红色按钮),拨动"升温←→降温"手柄进行降温,炉温降到常温后,工作人员方可离开试验场所。

~~~~~~~~~~ 2. 操作步骤 ~~~~~~~~~~

(1) 根据实验装置的"仪器调整"步骤(1)～(3),将实验装置调整到要求的状态。

(2) 把铜锭炉加热到预定温度,并使之恒温。

(3) 将装有 1g 试样的容器放入铜锭炉的孔中,盖上盖子(盖子预先放在铜锭炉顶上加热),并启动秒表计时。

(4) 当观察到有蒸气挥发出来时,将点火火焰置于盖的喷嘴上方 2mm 外晃动。火焰长度 10～15mm 左右,如果在开始 5min 内,喷嘴上没有(或有)连续 5s 的火焰,则按"装置的调整"的要求,每次将炉温升高(或降低)5℃(或 10℃),用新的试样重新试验,直到测得喷嘴上出现连续 5s 以上火焰时的最低温度为止,并记录此刻温度。

(5) 每个预定的温度做三个试样,若有两个没有 5s 以上的火焰,则将炉温升高 10℃,再做三个试样,如有两个出现 5s 以上火焰的最低温度,将其修约到十位数,即为材料的点着温度。

(6) 在热塑性塑料的测定中有发泡溢出时,可以将试样减少到 0.5g,如果仍有溢出,则不能用本方法试验。

(7) 按"仪器调整"步骤(4)对实验装置进行降温处理。

五、实验数据记录与结果处理

将实验数据填入表 23-1。

表 23-1　点着温度测量实验数据记录

试　样	1	2	3
现象			
温度/℃			

材料的点着温度是材料燃烧性测定中的重要项目之一。点着温度可以相对比较各种材料在特定条件下的燃烧性。在同样条件下,点着温度高的材料比点着温度低的更安全。但是,应该指出的是点着温度不是一个具有绝对意义的物理量值,它只是表征材料着火危险性的一个相对参照量值,它是随测定条件的不同而不同的。目前,测定它的方法很多,其所得结果是没有可比性的。因此,在给出点着温度时,必须注明所用试验方法。

六、思考题

(1) 实验中为什么应将实验装置的通风口关闭? 在实验结束后,是否应该开启装置的通风口?

(2) 为什么点着温度不是一个具有绝对意义的物理量值? 点着温度与物质的燃点有何关系?

实验 24　水平燃烧和垂直燃烧实验

一、实验目的

从实验目的来说,有机合成材料燃烧性试验方法应尽可能模拟实际火灾现场,而实际火灾有许多影响因素,用一种试验方法将火灾重现几乎是不可能的。因此,燃烧性试验仅是测定作为主体的某一因素下的性能优劣。在实验室试验及某些中型试验中,根据被测材料的一些对引发火灾具有决定性影响的参量,阻燃性能测试方法通常可分成下述 6 类:①点燃性和可燃性(如点着温度和氧指数);②火焰传播性;③释热性(如锥形量热仪和量热计试验);④生烟性(如烟箱试验和烟尘质量试验);⑤燃烧产物毒性及腐蚀性;⑥耐燃性。

在众多的塑料燃烧性能试验方法中,最具代表性、历史最悠久、应用最广泛的方法为水平、垂直燃烧法。这两种方法都属于塑料表面火焰传播试验方法。火焰传播性是要测定火是否易于蔓延和火焰传播速率。火焰传播速率是在一定燃烧条件下,火焰前沿发展的速率。火焰传播速率越高,越易使火灾波及邻近的可燃物而使火灾扩大。有时,传播火焰的材料本身火灾危险性不高,但火灾所能波及的材料造成的损失则十分严重,所以材料的火焰传播速率在阻燃技术中是一个不可忽视的参数。本实验目的如下。

(1) 了解塑料水平燃烧和垂直燃烧实验的基本原理;

(2) 掌握塑料水平燃烧仪和垂直燃烧仪的使用操作方法;

（3）掌握塑料水平燃烧和垂直燃烧的实验程序及结果处理方法。

二、实验原理

火焰传播是指火焰沿材料表面的发展。火焰传播是一种表面现象,火焰传播的关键因素是在材料表面有可燃性气体产生,或者在材料内部形成可燃气体同时又能逸至材料表面。火焰传播必须将材料表面的温度提高至点燃温度,这种升温是由向前传播的火焰的热流引起的。因此,材料的点燃也与火焰传播有直接的关系。有多种测定材料表面火焰传播速率的方法,但不同的火焰传播试验适用于阻燃性能不同的材料。对阻燃性较低的材料,宜采用低强度的火焰作为点燃源;对阻燃性较高的材料,则除了点燃源外,还可采用其他热源(如辐射热源)来加强火焰的传播。有些火焰传播试验还考虑了火焰本身对流和辐射给热,因为这种热反馈能提高火焰传播速率。

在表面火焰传播试验中,被试材料与点燃源的相对方向是一个重要因素。不同的表面方向会得出不同的试验结果。例如,同一种材料,作为墙壁、地板或天花板试验时,其表面火焰传播速率可能很不相同,这主要是由于材料表面方向不同造成的。此外,改变试验时空气流动的方向,从与火焰传播方向相同至与火焰传播方向相反,会导致试验结果的定量更加困难。另外,燃烧气体与试件的相对位置会使火焰停止传播或增加火焰传播速率。当燃烧气体离开试件表面时,可使表面冷却,降低火焰传播速率;当燃烧气体沿试件表面移动时,有助于火焰传播;当燃烧气体渗入试样内部时,可导致试件下层材料燃烧,使材料的燃烧不仅限于试件表面,从而使材料的可燃性大幅度提高;当燃烧气体沿燃烧背面移动时,则可能使火焰熄灭。

在设计测定火焰传播速率试验方法时,必须考虑上述提及的诸多因素。不同的试验方法适用于不同的材料(如塑料、泡沫塑料、纺织品、涂料)、点燃源、点燃源施加时间、试料的尺寸及放置方向等。水平、垂直燃烧法适用于测定塑料表面火焰传播性能,实验中水平或垂直地夹住试样一端,对试样自由端施加规定的气体火焰,通过测量线性燃烧速度(水平法)或有焰燃烧及无焰燃烧时间(垂直法)等来评价试样的燃烧性能,可用于初步评价被测高聚物是否适合于某一特定的应用场所。在国际上,有关塑料水平、垂直燃烧试验的标准方法有很多,按点燃源可分为炽热棒法和本生灯法,后者又有小能量(火焰高度20～25mm)和中能量(火焰高度约125mm)两种。本实验采用的是以小火焰本生灯为点燃源。

三、实验仪器

实验仪器为 CZF-3 型水平垂直燃烧测定仪,它是根据 GB/T 2408《塑料 燃烧性能的测定 水平法和垂直法》而研制的,其燃烧室结构如图24-1所示,各部位功能与尺寸介绍如下。

（1）本生灯管长100mm,可倾斜0°～45°;内径(9.5±0.5)mm;本生灯蓝色火焰高度可调范围为20～40mm;本生灯移动距离不小于150mm。

（2）金属筛网水平固定在试样下,与试样最下边间距离10mm,金属筛网的边缘与试样自由端对齐。

（3）金属支承架:用以支撑试样自由端下垂和弯曲的金属支架,支架应长出试样自由端20mm。火焰沿试样向前推进,支架以同样速度退回。

（4）水平试样夹具的最大夹持厚度为13mm。垂直试样夹具的最大夹持厚度为13mm。

（5）试样夹垂直最大调整距离<130mm,水平最大调整距离≥70mm。

（6）试样下端离水平铺置的医用脱脂棉层距离300mm;在试样下端300mm处水平铺置撕薄的脱脂棉层尺寸为50mm×50mm,自然厚度为6mm。

（7）电源为(220±10%)V,50Hz,功率<100W。

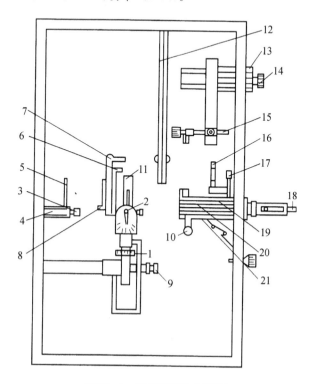

图 24-1 燃烧室结构示意图

1—风量调整螺丝；2—角度标牌；3—长明灯阀体；4—长明灯火焰调节螺母；5—长明灯管；
6,7—火焰标尺；8—25mm高火焰调节手柄；9—进气调节手柄；10—小拉杆；11—本生灯管；
12—纺织物试样；13—横向调节手柄；14—纵向调节手柄；15—垂直试样夹；16—试样扳手；
17—手柄；18—支承件拉杆；19—支承件；20—金属筛网；21—水平支承架

CZF-3 型水平垂直燃烧测定仪面板按键的功能和使用说明如下。

（1）八位数码管

第1位数码管为试验次数显示位置,分别用 A、B、C、D、E 五个符号来表示五个试样。在用垂直燃烧法时,试验或读出的过程中,该数码管右下角的亮点分别表示施加火焰的次数。该点暗时表示对某个试样第一次施加火焰,此时只记录有焰燃烧时间。该点加亮时,表示对某个试样第二次施加火焰,此时既要记录有焰燃烧时间,也要记录无焰燃烧时间。

第 2、3、4 位数码管组成一组时间计数器,在垂直燃烧试验时用以显示本次试验的有焰燃烧时间(精确到 0.1s)。

第 5、6、7、8 位数码管组成一组时间计数器,在垂直燃烧试验时,用以显示诸次有焰燃烧的积累时间,与无焰燃烧指示灯配合,用以显示无焰燃烧时间。在水平燃烧试验时,用以显示测量的时间。在两种试验方法施加火焰(以下简称"施焰")时,均采用倒计数的方式显示施焰的剩余时间(精确到 0.1s)。以上所有显示时间的单位为秒(s)。

（2）面板铵键及功能介绍如下。

$\boxed{电源}$：电源开关。

$\boxed{燃气调节}$：燃气开关及燃气量调节。

$\boxed{手动/自动}$：手动、自动选择按键。选择手动时,手动指示灯亮。选择自动时,仪器进入自动状态,自动指示灯亮。

$\boxed{进}$、$\boxed{退}$：当选择手动状态时,按$\boxed{进}$或$\boxed{退}$两个键,可控制本生灯的进火和退回。

$\boxed{清零}$：用以清除机器内部不必要的信息,以利于精确计时,该键只有在数码显示器显示"P"的初始状态时才能起到清零作用,显示其他状态时该键起不到清零的作用。

$\boxed{复位}$：强制复位键。

$\boxed{返回}$：返回初始状态键,按此键使仪器返回到初始状态"P"。

$\boxed{不合格}$：不合格键,在垂直燃烧法试验中,在施加火焰时间内,火焰蔓延到支架夹具时,按此键判定该试样的试验结束,在水平燃烧法中此键无效。

$\boxed{运行}$：当显示器显示出垂直或水平符号时,按此键用以确定某种试验方式。当显示点火dH 信息时,用以启动电机,向试样施加火焰。

$\boxed{退火}$：在垂直燃烧试验中,如果有滴落物并引燃脱脂棉时,按此键结束该试样的试验,该试样定级为 V-2。在水平燃烧试验中,在施焰时间内,火焰前沿已燃烧至第一标记线时,按此键将停止施加火焰,本生灯退回,小于 30s 指示灯亮,并且立即开始记录时间。

$\boxed{选择}$：在仪器初始状态 P 时,按此键用以选择水平燃烧或垂直燃烧试验方法。本仪器中共有水平法、垂直法 10s、垂直法 20s 三种实验方法。

$\boxed{读出}$：当某一个试样试验或某一组试验结束后,按此键用以读出试验数据。

$\boxed{计时控制}$：用以控制记录时间的开始与终止。

四、实验药品

采用一种塑料高聚物的条状试样,尺寸应为：长 125mm±5mm,宽 13.0mm±0.5mm,而厚度通常应提供材料的最小和最大的厚度,但厚度不应超过 13mm。边缘应平滑同时倒角半径不应超过 1.3mm。也可采用有关各方协商一致的其他厚度,不过应该在试验报告中予以注明。条状试样应在 23℃±2℃和 50%±5%相对湿度下至少状态调节 48h。一旦从状态调节箱中移出试样,应在 1h 以内测试试样。

五、实验内容及方法

所有试样应在 15～35℃和 45%～75%相对湿度的实验室环境中进行试验。

1. 水平法

（1）在试样一端的 25mm 和 100mm 处，垂直于长轴画两条标线，在 25mm 标记的另一终端，用试样夹夹住试样，使试样与纵轴平行，与横轴成斜角 45°。

（2）在试样下部约 300mm 处放一个滴落盘。顺时针关闭仪器面板上的"燃气调节"，用明火点着长明灯，可调节火焰大小。

（3）调节"燃气调节"点着本生灯，并调节本生灯下端的滚花风量调整螺丝，使灯管在垂直位置时，产生 20mm 高的蓝色火焰，将本生灯斜 45°。

（4）开电源，依次按 复位 、返回 、清零 键，显示初始状态 P。

（5）按 选择 ，当显示"—F?"，意思为"用水平法吗？"。按 运行 ，显示"A、dH"，水平法的指示灯亮，表示选择水平法。

（6）按 运行 将本生灯移至试样一端，对试样施加火焰。显示"A、SYXXX、X"表示正在施焰，并以倒计数的方式显示施焰剩余时间，在这一步骤里，可能出现以下两种情况。

情况 1：当施焰时间剩余 3s 时，蜂鸣器响，提醒操作者做好下一步准备。施焰时间结束，本生灯自动退回显示"A、d-B?"，表示"火焰前沿到第一标线了吗？"。这时可能出现两种选择：①甲-1：火焰未燃到第一标线即熄灭，按 计时控制 ，立即再按 计时控制 ，显示"B、dH"，表明 A 试样符合最好的标准；②甲-2：火焰前沿燃到第一标线时按 计时控制 ，显示"A、XXX、X"，开始计时，下面又可能有两种选择：(a)甲-2-1：火焰前沿燃至第二标线，按 计时控制 ，显示"B，dH"，计时停止。这时操作者应记录燃烧长度为 75mm，以便于算出燃烧速度；(b)甲-2-2：火焰在燃烧途中熄灭，按 计时控制 ，显示"B，dH"，计时停止，这时操作者应测量并记录实际燃烧长度。

情况 2：施加火焰时间未到 30s，火焰前沿已燃到第一标线，按 退火 ，本生灯退回，小于 30s灯亮，时间计数器开始自动计数，显示"A、XXX、X"，之后可能出现的两种情况和操作同甲-2-1 或甲-2-2。

（7）当完成 A 试样测试后需要继续做 B 试样试验时，安装试样并点火，以下操作按前述步骤（6），重复操作。

（8）当一组实验结束后，仪器显示"END"，这时可用 读出 键，连续地读出各试样的实验参数。在各试样试验参数读出并加以记录之前，禁止按 清零 键，以免数据丢失。

（9）在每一个试样实验完毕后，如需读出实验数据，可依次按 读出 ，显示第某个试样的数据，直至显示"dc—END"，表明可读的已读完。信息读出的过程中，如小于 30s 指示灯亮，表明该试样的施焰时间小于 30s。

2. 垂直燃烧法(10s,塑料)

(1) 用垂直夹具夹住试样一端,将本生灯移至试样底边中部,调节试样高度,使试样下端与灯管标尺平齐。

(2) 点着本生灯并调节,使之产生 20mm±2mm 高的蓝色火焰。

(3) 开电源,依次按 复位 、 返回 、 清零 键,显示初始状态 P。

(4) 按 选择 ,显示"—F?",再按 选择 ,显示"‖F—10—?",表示"选用施焰时间为 10s 的垂直法吗?"。

(5) 按 运行 ,显示"A、dH",垂直法的指示灯亮,表示选择了垂直法。

(6) 按 运行 将本生灯移至试样下端,对试样施加火焰,显示"A、SYXXX、X",表示正在施加火焰,并以倒计数的方式显示施焰的剩余时间,当施焰时间还剩 3s 时,蜂鸣器响,提醒操作者准备下一步操作。当施焰时间 10s 结束后,本生灯自动退回,"有焰燃烧"指示灯亮,显示信息为"A、XX、XXXX、X",中间 2、3、4 三位数码管表示本次有焰燃烧的时间,右边 5、6、7、8 四位数码管表示诸次有焰燃烧的积累时间。

(7) 当有焰燃烧结束时,按 计时控制 ,显示"A、dH",按 运行 开始本次试样的第二次施焰,显示"A、SYXXX、X"。同样,当施焰的最后 3s 时,蜂鸣器响,施焰时间结束,本生灯自动退回。"有焰燃烧"指示灯亮,显示信息为"A、XX、XXXX、X",中间 2、3、4 三位数码管为第二次施焰后的有焰燃烧时间,右边 5、6、7、8 四位数码管为诸次有焰燃烧的积累时间。

(8) 当有焰燃烧结束时,按 计时控制 ,"有焰燃烧"指示灯灭,"无焰燃烧"指示灯亮,显示信息为"A、XXX、X",表示无焰燃烧的时间。

(9) 当无焰燃烧结束,又没有无焰燃烧时,按 计时控制 ,显示"B、dH",表示 A 试样实验结束。

(10) 重复(6)至(9)各步骤,直至一组试样结束。

(11) 在实验的过程中,若有滴落物引燃脱脂棉的现象,按 退回 ,仪器显示"X、dH",该试样停止试验。

(12) 在施焰时间内,若出现火焰蔓延至夹具的现象,按 不合格 ,此试样实验结束。

(13) 实验后,需读出试样的实验数据时,按 读出 。先显示的是与第一数码管所对应的实验次数的第一次施焰后的有焰燃烧时间。再按 读出 则显示第二次施焰的有焰燃烧时间,第三次按 读出 ,则显示第二次施焰的无焰燃烧时间,直至显示"dc—END",表示实验数据全部读完。若有火焰蔓延到夹具的现象时,读出显示"X、BHG",若有滴落物引燃脱脂棉现象,读出显示信息为"X94V-2"。

(14) 结果表示:在自动状态下,仪器可直接读出的是总的有焰燃烧时间;当采用手动时,实验结果按下式计算：

$$t_f = \sum_{i=1}^{5}(t_{1i} + t_{2i}) \tag{24-1}$$

式中　t_f——余焰时间，s；

　　　t_{1i}——第 i 根试样第一次有焰燃烧时间，s；

　　　t_{2i}——第 i 根试样第二次有焰燃烧时间，s；

　　　i——实验次数 $i=1\sim5$。

六、实验数据记录与结果处理

～～～～～～～～～～～～～～～　1. 水平法　～～～～～～～～～～～～～～～

1）计算

每个试样的线性燃烧速率 v，采用式（24-2）计算：

$$v = \frac{60L}{t} \tag{24-2}$$

式中　v——线性燃烧速率，mm/min；

　　　L——燃烧长度，mm；

　　　t——燃烧时间，s。

2）分级标志

按点燃后的燃烧行为根据下面给出的判据，将材料分成 HB、HB40 和 HB75（符号 HB 表示水平燃烧）级。

（1）HB 级材料应符合下列判据之一。

① 移去引燃源后，材料没有可见的有焰燃烧；

② 在引燃源移去后，试样出现连续的有焰燃烧，但火焰前端未超过 100mm 标线；

③ 如果火焰前端超过 100mm 标线，但厚度为 3.0～13.0mm、其线性燃烧速率未超过 40mm/min，或厚度低于 3.0mm 时未超过 75mm/min；

④ 如果试验的厚度为 3.0mm±0.2mm 的试样，其线性燃烧速率未超过 40mm/min，那么降至 1.5mm 最小厚度时，就应自动地接受为该级。

（2）HB40 级材料应符合下列判据之一。

① 移去引燃源后，没有可见的有焰燃烧；

② 移去引燃源后，试样持续有焰燃烧，但火焰前端未达到 100mm 标线；

③ 如果火焰前端超过 100mm 标线，线性燃烧速率不超过 40mm/min。

（3）HB75 级材料应符合下列判据。

如果火焰前端超过 100mm 标线，线性燃烧速率不应超过 75mm/min。

如果被测材料的三根试样分级标志数字不完全一样，例如，第一组三个试样中仅一个试样不符合上述的判据，应再试验另一组三个试样。第二组所有试样应符合相关级别的判据。

3）实验数据记录（表24-1）

表 24-1　塑料水平燃烧测量实验数据记录与评定

实验次数	A	B	C
实验现象			
计时时间/s			
燃烧长度/mm			
燃烧速度/(mm/min)			
评定等级			

～～～～～～～～～～　2. 垂直法　～～～～～～～～～～

1）有关术语与定义

余焰：引燃源移去后，在规定条件下材料的持续火焰。

余焰时间 t_1，t_2：余焰持续的时间。

余辉：在火焰终止后，或者没有产生火焰时，移去引燃源后，在规定的试验条件下，材料的持续辉光。

余辉时间 t_3：余辉持续的时间。

2）分级评定

按点燃后的燃烧行为，材料的燃烧性能分为 V-0，V-1，V-2 三级（符号 V 表示垂直燃烧），详见表24-2。

表 24-2　垂直法燃烧评定材料燃烧性的级别与表示

判据	V-0	V-1	V-2
每个试样余焰时间(t_1和t_2)	≤10s	≤30s	≤30s
任一状态调节的一组试样总的余焰时间 t_f	≤50s	≤250s	≤250s
第二次施加火焰后单个试样的余焰加上余辉时间(t_2+t_3)	≤30s	≤60s	≤60s
余焰和(或)余辉是否蔓延至夹具	否	否	否
火焰颗粒或滴落物是否引燃棉垫	否	否	有

注：如果试验结果不符合规定的判据，材料不能使用本试验方法分级，可采用水平燃烧试验方法。

如果在给定条件下处理的一组五个试样中，仅一个试样不符合某种分级的所有判据，应试验经受同样状态调节处理的另一组五个试样。作为余焰时间 t_f 的总秒数，对于 V-0 级，如果余焰总时间在 51～55s 或对 V-1 和 V-2 级为 251～255s 时，要外加一组五个试样进行试验。第二组所有的试样应符合该级所有规定的判据。

3）实验数据记录（表 24-3）

表 24-3　塑料垂直燃烧测量实验数据记录与评定

实验次数	A	B	C	D	E
实验现象					
余焰时间 t_1					
余焰时间 t_2					
余辉时间 t_3					
余焰时间加上余辉时间（$t_2 + t_3$）					
总的余焰时间 t_f					
评定等级					

七、思考题

（1）对于给定材料试样，如何确定选用水平燃烧实验还是垂直燃烧实验？

（2）水平燃烧或垂直燃烧实验主要用于哪些高聚物材料制品的阻燃性能指标测定？

实验 25　电工电子产品部件耐火等级测试实验

一、实验目的

UL 是美国保险业实验室（Underwritten Laboratory）的简称。UL 成立于 1894 年，其宗旨是进行技术安全试验和保护人们及商品免遭侵害。UL 最初进行的只是工业防火试验，但后来其服务领域不断扩大，今天已发展至包括防火、电气工程、空调、防盗、事故预防、化学安全和航海等多个行业的安全业务。UL94 是有关防火安全试验方法的重要标准之一，它包括几个用于测定塑料阻燃性的标准方法。UL94 和其他几个试验的要求是认证塑料及其制品的基础。UL94 不仅适用于电气工业，也适用于很多其他应用领域，但不用于建材。UL94 对电气工业所用塑料是特别重要的，因为该行业的产品和材料通常需要很好的阻燃性。UL94 试验方法是基于 UL 对塑料阻燃性的研究所制定的，UL94 阻燃性试验是指按一定位置放置的塑料被施加火焰后的燃烧行为。UL94 标准是全球广泛采用的测定塑料阻燃性的方法，可用来初步评价被测塑料是否适合于某一特定的应用场所。UL94 阻燃性试验包括多个塑料水平及垂直燃烧方法，包含 UL94 5V 垂直燃烧试验。本实验采用 UL94 标准进行测定，主要目的如下。

（1）了解电工电子产品部件耐火等级燃烧实验的基本原理；

（2）掌握电工电子产品部件水平燃烧和垂直燃烧的测试方法。

二、测试方法

试验法评估起火的可能性时应该考虑到以下因素:耗能,燃烧强度(放热速度),氧化物和一些诸如火源强度,燃烧的位置和通风环境等外部环境因素。本实验所采用的水平-垂直燃烧试验仪适用于检验和评定塑料材料的燃烧特性。试验设备根据美国 UL94 标准《设备和器具部件用塑料材料的可燃性试验》中规定的有关条款设计制造,加装了 IEC60695-11-3 中附录 B 的预混合型燃烧器及测温装置。该标准涵盖了仪器设备中的塑料材料零件的可燃性测试方法,作为对某一特定应用的可燃性的初步指示,可进行水平燃烧 HB 级别,垂直燃烧 V-0、V-1、V-2 级别,垂直燃烧 5VA、5VB 级别的判定。UL94 标准对样品大小、测量过程、设备零件材料的可燃性,以及在实验控制的条件下对热和火所起反应进行了具体描述。下面举例对 UL94 5V 垂直燃烧试验(500W)做一简单介绍。

此试验相应于 IEC60695-11-20,也是用于测定垂直放置的固体塑料的阻燃性。它与 UL94 V 试验的差别在于,5V 试验系对每一试件施加火焰 5 次,而 UL94 V 试验仅 2 次。5V 试验最初采用杆状试样(A 法)。为通过此试验,试件续燃和灼烧的时间不能大于 60s,且不能产生熔滴。对某些热塑性塑料,5V 试验的要求是相当苛刻的。5V 试验也可采用同样厚度的水平放置的片状塑料(B法)。UL94 5V 试验装置见图 25-1。UL94 5V 法所用试件,对方法 A 为两组,每组 5 个,尺寸为(125±5)mm(长)×(13.0±0.5)mm(宽)×13.0mm(最大厚度)(或所提供试样的最小厚度)。对方法 B 为片材,尺寸为(150±5)mm(长)×(150±5)mm(宽)×提供试样的最小厚度,试验数同方法 A。无论是杆状试件还是片状试件,均应以使用的最大厚度和最小厚度进行试验。根据试验结果,还可能需补充测试。关于试件位置,方法 A 系将试件垂直悬挂,火焰以与铅直线成 20°±5°施加于试样下方;方法 B 系将试件水平放置,火焰以与铅直线成 20°±5°施加于试件下面的中部。点火源为预混合型燃烧器,其轴线与铅直线成 20°放置,火焰长(125±10)mm,蓝色焰心长(40±2)mm。施加火焰时间为每个试样施加 5 次,每次 5s,两次间隔 5s。

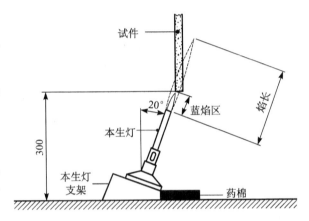

图 25-1　UL94 5V(方法 A)实验仪器

满足材料为 UL94 5VA 级的条件:第 5 次点燃的点燃源移走后,试样明燃总时间不大于 60s。无熔滴,棉花不被点燃。满足材料为 UL94 5VB 级的条件:试件可被烧孔,其他条件同 5VA 级。

三、实验仪器

本实验仪器的特点是整机采用不锈钢制造,造型讲究,耐烟气腐蚀。关键元器件采用进口件,数显时间,使用方便,稳定可靠。

（1）本生灯试验火焰的气源采用工业级甲烷（纯度≥98％的甲烷气体）。燃烧内径为∅9.5mm±0.3mm，长100mm±10mm，有空气调节孔；

（2）预混合型试验火焰的气源采用丙烷气体或煤气或石油液化气（有条件的情况下建议用纯度≥98％的丙烷气体）。燃烧器为预混合型，内径为∅12mm，长约100mm；

（3）火焰高度方便调节，按标准要求可从（20±2）mm调至（175±1）mm；

（4）火焰施加时间、余焰时间、余灼时间可在0～99分99秒内调节。

功能分布及元器件功能说明如图25-2所示。

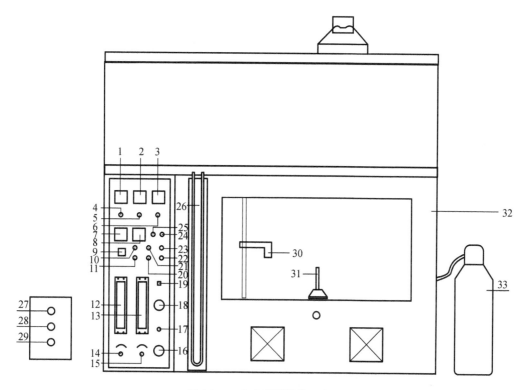

图 25-2　实验装置结构示意图

1—施焰时间：施焰开始，计时器开始计时；2—余焰时间：施焰结束后，计算余燃时间；3—余灼时间：余燃结束后，计算余灼时间；4—施焰开始按钮—按下，施焰计时器计时；5—余焰停止按钮—按下，余焰计时器停止计时，同时余灼计时器开始计时；6—余灼停止按钮—按下，余灼计时器停止计时；7—温度表：显示温度；8—测温时间：显示测温时间；9—电源开关：接通或切断电源；10—照明开关：打开或熄灭照明灯；11—风机开关：接通或切断风机电源；12—燃气流量计：显示燃气流量；13—空气流量计：显示空气流量；14—燃气流量调节阀：调节燃气流量；15—空气流量调节阀：调节空气流量；16—空气压力调节阀：调节压缩空气压力；17—空气压力表：显示空气压力；18—燃气压力调节阀：调节燃气压力；19—燃气压力表：显示燃气压力；20—供气：给燃烧器供气；21—停气：切断燃烧器气源；22—上升：样品夹具上升；23—下降：样品夹具下降；24—测温开关：温度校验时接通或切断测温模块的电源；25—复位按钮：使测温时间8清零；26—燃气U形压力计：显示燃气的背压（注：U形压力计的U形管内加纯净水到中位）；27—施焰开始按钮—按下，施焰计时器计时（功能等同4键，用其中一个即可）；28—余焰停止按钮—按下，余焰计时器停止计时，同时余灼计时器开始计时（功能等同5键，用其中一个即可）；29—余灼停止按钮—按下，余灼计时器停止计时（功能等同6键，用其中一个即可）；30—样品夹具；31—燃烧器（①本生灯燃烧器；②预混合型燃烧器）；32—燃烧箱；33—燃气瓶

四、实验内容及方法

~~~~~~~~~~~~~~~~~~~~ 1. 正常试验操作 ~~~~~~~~~~~~~~~~~~~~

（1）用燃气管接好燃烧器 31 及控制箱和燃气瓶 33 的气道,检查气道接口,防止漏气。

（2）接通电源开关 9,将施焰时间 1、余焰时间 2 及余灼时间 3 按要求设定(调试时可设定成短时间)。

（3）将样品夹好,使燃烧器 31 倾斜至一定角度(0°、20°、45°),调整夹具 30 和样品使之处于试验位置。

（4）将燃气流量调节阀 14 调至最小。

（5）打开燃气瓶 33 主阀,接通气源,按供气键 20,同时用打火器进行点火并调节,燃气压力调节阀的压力调整为 0.1MPa,调节燃气流量调节阀 14,同时使燃气的背压——U 形压力计 26 的压力达到适当的压力,使火焰达到标准高度。点火时燃烧器应在垂直位置(如果用预混合型燃烧器,还需接通压缩空气气源并将压力调到 0.1MPa,调节空气流量调节阀 15 让火焰达到要求)。

（6）燃烧器转动一定的角度,开始试验。

（7）试验中观察样品燃烧情况,火焰施加时间到达后燃烧器撤开火焰,同时余焰时间计时器 2 开始计时;注意观察,如果余焰熄灭,及时按余焰停止键 5,同时余灼时间 3 开始计时,如果余灼熄灭,及时按余灼停止键 6,记录余焰时间及余灼时间。

（8）试验中或调试中要熄灭火焰时可按停气键 21。

（9）切断电源,试验结束,关掉煤气瓶 33 主阀,各元件复位。

~~~~~~~~~~~~~~~~~~~~ 2. 温度校验操作 ~~~~~~~~~~~~~~~~~~~~

温控表用于测量火焰温度,测量范围为 100～800℃,操作步骤如下。

（1）用试验箱内夹具架上的鳄鱼夹将带铜块的热电偶夹住;

（2）按标准要求调节测温铜块与燃烧器 31 的距离;

（3）接上电源开关 9,接通测温开关 24,等温度表 7 正常显示当时的环境温度时,按一下复位按钮 25(温度表 7 已在出厂时设定好参数,请不要随意调节);

（4）点着火焰,当温度上升到 100℃ 时,计时器 8 开始自动计时,当温度上升到 700℃ 时,计时器 8 将自动停止计时;

（5）记录升温时间,检查合格与否;

（6）进行下次试验时,必须等温度下降到 100℃ 以下时,再重复上述操作。

五、注意事项

（1）燃气瓶应有减压阀,主阀关启可靠。

（2）用燃气管接好燃烧器及控制箱和燃气瓶的气道,实验前检查气道接口,防止漏气;流量计应从小向大逐步调节,流量过大时无法点燃。在开启气源前,应先将压力和流量调节阀门调至最小,然后打开燃气瓶总阀门,缓慢调节气体压力及流量至需要值;如果压力、流量开启较大,则可能开启时将 U 形管里的液体全部排出,导致燃气泄漏。

（3）压力调节针阀位于燃烧座底下,它旋入时将增加压差,反之减少。空气流量调节装置是用于改变外焰大小的。

（4）试验结束时,必须先关闭燃气瓶的阀门,让本生灯或预混合型燃烧器继续燃烧,待管内燃气燃烧完毕,再将其余的阀门关闭。

六、思考题

（1）水平燃烧或垂直燃烧实验主要用于哪些电工电子产品部件的阻燃性能指标测定?

（2）本实验对燃烧管的火焰有何控制要求?

实验 26　塑料烟密度实验

一、实验目的

烟是固体微粒分散于空气中形成的可见但不发光的悬浮体,这种固体微粒是由材料燃烧或升华产生的。生烟是火灾中最严重的危险因素之一,因为较高的可见度允许人们从火灾建筑物中疏散,有助于消防人员找到火灾地点并及时扑灭;而有烟会大大降低可见度,并令人窒息。

化工材料燃烧或热分解过程中的发烟量及发烟速率是材料火灾安全特性的重要参数,是造成火灾中人员伤亡的主要原因之一。随着科学技术的发展和人们生活水平的提高,合成材料作为各种新型建筑材料也日益普遍,如塑料装饰板、贴面、薄膜、合成纤维地毯、复合板等。这些材料一般均经阻燃处理,所以材料的着火危险性和火灾蔓延的危险性降低了,但它虽不能明火燃烧却会发生阴燃,使火灾中产生的烟气有增加的可能。火灾发生时的烟气在建筑物中水平方向流速为 0.3～0.8m/s,垂直方向的流速为 2～4m/s,这就导致火灾发生时,短时间内烟气会充满整个建筑物中,给人员的逃逸及消防救援工作带来极大的困难。据报道,日本"千日"百货大楼火灾死亡 118 人,其中因烟气致死 93 人,占死亡人数的 78.8%;1993 年 2 月 14 日,河北唐山市某商场火灾死亡 79 人,全部是因烟气窒息而死的。因此,在研制阻燃而又低烟毒的新型材料过程中,发烟量的检测是十分重要的。本实验目的如下。

（1）理解材料生烟性试验的基本原理;

（2）了解材料生烟性 NBS 烟箱法测定装置的组成与构造;

（3）掌握 NBS 烟箱法的使用方法,并正确测定给定阻燃材料的烟密度。

二、实验原理

测定生烟性的方法最好是基于人眼对烟的感知和烟对可见度的影响。本实验所用仪器技术指标满足 GB/T 8323—2008 和 ASTM-E662 中 NBS 烟箱水平,同时也满足英国 NES711 标准中对烟箱的技术要求。实验的测量原理是通过光学系统测定烟雾的透光量占初始透光量的分数(或百分数)来表示烟密度。对试样暴露的每种方式(即辐射度为 25kW/m² 的有焰方式或辐射度为 25kW/m² 的无焰方式),通常用透光量的最小百分数计算最大比光密度。

根据 Bouguer 光衰减定律,使用最大比光密度作为测量烟密度的单位。

$$T = T_0 e^{-\sigma L} \tag{26-1}$$

式中　T——透光率;

　　　T_0——初始的透过光(100);

　　　σ——衰减系数;

　　　L——光路长度,m;

　　　e——自然对数的底。

对于单分散性的悬浮微粒,衰减系数 σ 与粒子大小和粒子数量成正比。如果定义 lg(100/T) 为光密度 D,则

$$D = \lg(100/T) \tag{26-2}$$

因此,

$$D = \sigma L/2.303 \tag{26-3}$$

燃烧产生的烟通常不具有单分散悬浮微粒的全部特性,但为了工程的需要,光密度可以被粗略地认为与生成的烟粒子成比例。因此可以通过一个系数来计算比光密度,见式(26-4):

$$D_S = \frac{V}{AL} D \tag{26-4}$$

因此,

$$D_S = \frac{V}{AL} \lg(100/T) \tag{26-5}$$

式中　V——燃烧室的体积,m³;

　　　A——试样的暴露面积,m²;

　　　L——光路长度,m。

对于 GB/T 8323.2—2008 中的单燃烧室,$V/(AL)=132$。

由比光密度的概念可知,烟雾的发展情况与试样的面积、烟箱的体积和光度计的光路有关。比光密度的量纲为一,它的值与试样厚度相关。因此当引用比光密度时,应指明试样的厚度。

三、实验仪器

烟密度仪(图 26-1)为带有样品盒、辐射锥、点火器、透光和测量装置,以及一些便于实验过程操作控制的设备的密闭测试箱。烟密度仪由上、下两部分组成:上部右侧是烟箱箱体,其正面是箱体门,左侧是控制箱,其正面是控制面板;下部由角钢焊成桁架以提高整机强度,桁架上安放交流稳压电源、直流稳压电源。烟箱顶安放抽风装置。功能上,仪器可分成测试箱、光学系统、电路系统、供气系统四部分。

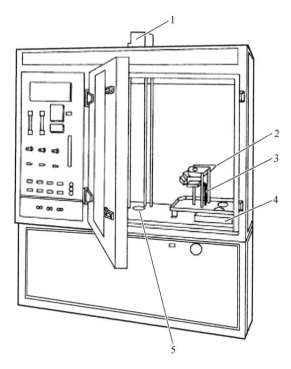

图 26-1　测试设备示意图

1—光电倍增管暗箱；2—辐射锥；3—点火器；4—爆破片；5—光学系统的下光窗

测试设备的主要技术指标如下。

(1) 烟箱内尺寸：长 914mm±3mm，宽 610mm±3mm，高 914mm±3mm；

(2) 辐射锥：辐射锥额定功率为 2.6kW；能在样品表面中心提供(10～50)kW/m^2 的辐射照度；

(3) 称重设备：量程大于 500g，响应时间小于 4s；

(4) 辐射锥加热器底部距试样上表面距离：25mm±1mm(膨胀性材料为 50mm±1mm)；

(5) 光束直径：约 51mm；

(6) 测量范围：透光率为 100%～0.000 1%，光密度为 0～792；

(7) 光度计精度：±3%。

试验模式如下。

模式 1：辐射照度为 25kW/m^2，无引燃火焰；

模式 2：辐射照度为 25kW/m^2，有引燃火焰；

模式 3：辐射照度为 50kW/m^2，无引燃火焰；

模式 4：辐射照度为 50kW/m^2，有引燃火焰。

四、实验准备

(1) 接通仪器总电源，预热 1h。

(2) 使用适当的材料(氨化喷雾清洁剂和软洗涤剂垫对清洁测试箱内壁十分有效，乙醇和软绵纸能有效清洁光窗)对测试箱内壁、辐射锥、样品盒的支持固定架和上下光窗进行清洁,在每次校准和样品测试前目测测试箱内部,看是否需要清洁。

(3) 检查箱体顶部排烟闸门是否在关的位置。

(4) 检查箱体顶部的水柱压力表有没有安装,其量程为 1.5kPa(150mmH₂O),安装好后打开小阀门。

(5) 试样的准备与包裹:试样长宽为 75mm±1mm、厚度不大于 25mm,每个模式至少需 3 个试样。用一张完整的铝箔(厚度约为 0.04mm)包裹住试样的整个背面,并沿着边缘包裹试样正面的外围,仅留出 65mm×65mm 的中心测试区域,铝箔的较暗面与试样接触。然后装入试样盒内,注意装入试样前要先用几块 75mm×75mm 的石棉板作衬垫放在下面,石棉板的个数以接近但不超过试样盒开口的内表面为标准。在试样放置入试样盒以后,应将沿着前边缘的多余铝箔修剪掉。

五、实验内容及方法

~~~~~~~~~~~~~~~~~~~~~~~ 1. 校准步骤 ~~~~~~~~~~~~~~~~~~~~~~~

(1) 准备和预热工作完成后,先进行称重设备精度标定:打开测试箱门,调节辐射锥下面的支承架至适当位置(能放得下 500g 砝码就可以)并固定好。然后打开计算机试验程序,点击"校准程序"键,在弹出的对话框内点击"去皮值测定",直至后方绿灯亮,再进行下一步操作。放上100g 砝码,点击"第一次开始",等待绿灯亮,依次放上 200g、300g、500g。本次操作周期为每天一次。

(2) 辐射锥校准:关闭测试箱门和锥屏蔽罩、打开进气口,设定锥温为 530℃,壁温为 40℃(辐射锥为 25kW/m²)或锥温为 690℃,壁温为 55℃(辐射锥为 50kW/m²),再按下仪器面板上的锥加热开关和壁温加热开关。等到锥温稳定在 530℃±2℃,壁温稳定在 40℃±5℃的范围时,打开测试箱门,接通供水设备往热流计通入水以使其冷却并且将热流计插入数据接收端。然后将热流计安装在热流计支架上,其测试表面距离加热器底部为 25mm,处于辐射锥加热器的中心。接着打开锥屏蔽罩,点击试验程序上辐射锥标定一框中的"开始"键,监控热流计的输出以测定何时达到热平衡,平衡后的辐射照度应在(25±1)kW/m²~(50±1)kW/m²。如果满足要求,则点击"停止"键;如果达不到要求,应调整辐射锥设定温度使得辐射照度达到要求(在调整时,允许 10min来稳定)。校准结束后将辐射屏蔽罩复位,并从测试箱中移除热流计。本次操作周期为每天一次,以及在辐射锥维护或重新定位后进行。

(3) 测试箱泄漏率测试:在锥温和壁温稳定的情况下,关闭门、进气口,再经由空气输入口往测试箱内通入压缩空气,直到压力表记录的压力读数超过 0.76kPa(76mmH₂O),然后关闭供气。测试箱气密性应满足用计时装置记录压力从 0.76kPa 下降到 0.50kPa 所花的时间应不小于5min。本次操作周期为每天一次,以及在安装安全气爆板或新密封条后进行。

(4) 光学系统校准:首先打开进气口、门,将不透明的模板定位在测试箱上光窗的下表面,让模板的记号环朝下,并以光窗为中心。观察模板上所成的像,光束应形成一个直径为 51mm 的环而几乎没有其他光在环以外。如果未达到要求,则可以移除下面光源外围的保护罩,松开光源的固定螺丝,重新调节固定光源的位置,以获得光图像能够定位在模板中心和正确的大小。然后先用工具旋下下光窗(逆时针旋转),用酒精棉球小心擦拭下光窗内表面即下透镜上表面,注意在擦拭下透镜上表面时不要碰到环形电加热器,清洁干净后按原样装好。装好后打开挡板,点击试验程序上的"100％校验"键,等待透过率稳定后读取数据是否为(100±3)％,若不是则调节灯泡位置来达到要求。接着关闭挡板,点击"0％校验"键,等待透过率稳定后读取数据是否为0。最后在下光窗的光路中放置名义光密度为3.0的校准滤光片,打开挡板后点击"光密度校准片校验"键,等待透过率稳定后读取数据,该数据和校准值的差别应在5％以内。校准结束后点击"退出"键,退出校准程序。本次操作周期为每天一次,以及光源重新定位或发生破坏后进行。

2. 测试步骤

(1) 先将装好试样的试样盒放在支承架上,调节支承架上的旋钮使得试样的上表面距离加热器的底部为25mm,再将包裹好的试样从试样盒中拿出来,只把试样盒放在支承架上,接着点击试验程序上的"试验程序"键,在弹出的对话框中点击"称重去皮"键,等待绿灯亮。

(2) 绿灯亮后,把包裹好的试样放回到试样盒中,并将其放在支承架上,然后关闭排烟阀门、门和进气口,同时移除锥屏蔽罩并点击"试验开始"键。测试持续10min,若在10min内没有达到最低透过率值,可改为手动结束试验。

(3) 试验结束后,将辐射屏蔽罩复位,打开箱顶排烟闸门(手柄向右)、逆时针方向打开面板的进气口并按下"排风"开关开始排烟,排烟的同时点击试验程序上的"清晰光束校正"键。等排出箱内烟气后打开箱门取出试样称量记录,点击"停止"键。接着在试验程序上的试验报告一栏中先选择好试验模式,再点击"生成试验报告"键,在弹出的对话框中填写相关内容,然后点击"确定",之后将弹出来的文档保存在电脑里。最后擦净上下光窗,注意观察透光率是否在100％,否则进行调节。

(4) 重复(1)至(3)步骤进行下一试样试验,直至一组试验结束。

(5) 如做无焰模式试验,试验至此为止;若做有焰模式试验时,尚需打开气路,在放试样前点着引燃火焰。

(6) 连接电气,打开气路:打开气泵及燃气阀(两者压力都不要大于表压0.1MPa)。接着先接通燃气,等半分钟左右,待燃气到达燃烧器,即可按下"点火"按钮点着燃烧器。然后接通空气,调节燃气和空气流量,产生长度为30mm±5mm的水平火焰。火焰的颜色应为蓝色,顶端带有黄色。若预测试表明在移除屏蔽罩前引燃火焰就熄灭了,则应立即重新点燃引燃火焰,同时移除屏蔽罩。

(7) 试验过程中需要注意观察如下几点。

① 记录样品的任何特殊燃烧特征,如分层、膨胀、收缩、熔融和塌陷,并记录从试验开始后发生特殊行为的时间,包括点火时间和燃烧持续时间。同样也要记录烟特征,如颜色、沉积颗粒的性质。

② 若点燃火焰在测试期间被气态排出物熄灭并在10s内没有再次点燃,则应立即关闭引火燃烧器的供气。

(8) 试样质量损失率的计算(取三位有效数字)

$$W = 100 \times (M_1 - M_2)/M_1 \tag{26-6}$$

式中　W——试样质量损失率,%;

　　　M_1——试样原始质量,g;

　　　M_2——试验后试样的剩余质量,g。

六、实验数据记录与结果处理

对每个样品,建立透过率-时间曲线图,并测得最小透过百分比 T_{min}。使用式(26-7)计算最大比光密度 $D_{s, max}$,保留 2 位有效数字:

$$D_{s, max} = 132 \lg(100/T_{min}) \tag{26-7}$$

若有要求,用在 10min 时的透过率 T_{10} 代入公式(26-7),用 T_{10} 代替 T_{min},可得到 D_s 在 10min 时的值(D_{s10})。

七、思考题

(1) 材料生烟性的测定有何意义? 材料在火灾中燃烧时的生烟性与哪些因素有关?

(2) NBS 烟箱法估测材料燃烧时生烟量的原理是什么?

(3) 本实验可采用几种模式进行测试? 每种模式下需测定几次?

第五篇

危险化学品分析实验

实验 27　分光光度法对苯胺类物质的测定

一、实验目的

人类在生产和生活过程中,会接触到许多天然的和人工合成的化学物质,可以说人们生活在一个充满着化学物质的社会中,这些化学物质会在一定条件下对人体健康产生不同程度的损害。世界范围内,已知的化学产品接近 2 000 万种,大约 40 万种以上是有毒的,其中近 3 000 种明确为危险化学品。化学品从各个方面给人类生活带来了方便,同时也给人类带来了直接或潜在的危害。有毒的危险化学品作为原辅材料、中间品或产品在生产、搬运、储存、运输、使用及废弃物处理等各个环节都有可能对人体造成危害。

一般来说,凡作用于人体并产生有害作用的物质都叫毒物。毒物侵入人体后与人体组织发生化学或物理化学作用,并在一定条件下破坏人体的正常生理机能,引起某些器官和系统发生暂时性或永久性的病变,即所谓的中毒。而毒物与非毒物之间并没有绝对的界限,两者的本质区别是剂量。毒物本身不是毒物,而剂量使其成为毒物。也就是说,达到一定的剂量,任何一种化学物质都是有毒的。

在劳动生产过程中,排放到作业场所空气中的有毒、有害物质不仅直接影响作业人员的安全与健康,而且污染周边环境。特别是设备陈旧、工艺落后的生产过程,毒物危害的问题显得尤为突出。近年来,企业生产过程中急性中毒事故时有发生,许多作业场所毒物浓度大大超过国家规定标准,严重威胁作业人员的身体健康。为了控制有毒有害物质对作业人员健康的影响,采取有效措施控制毒物的危害,必须首先对作业场所空气中,以及排放到大气中、水体中的有毒、有害物质的组成、性质、数量等进行检测、分析,掌握生产过程中和各个生产环节中可能产生毒物危害的分布、毒物类型及作业场所空气中毒物的浓度,采取针对性的措施消除毒物危害,确保作业人员的安全与健康,降低环境污染程度。因此,对作业场所空气中有毒有害物质进行检测分析是非常必要的。

在苯环上带有胺基的有机物质,均可称为苯胺类化合物。此类物质在化工生产中应用广泛,目前所涉及的行业主要有染料、制药、炸药、涂料、农药、塑料等。苯胺类化合物具有特殊的颜色、气味,有毒性和明显的致癌作用,是我国规定的优先控制污染物。下面以苯胺为例来说明此类物质的危害。苯胺又名阿尼林油,纯品为无色油状液体,久置成棕色,熔点为 $-6.2℃$,沸点为 184.3℃,闪点为 79℃,爆炸下限为 1.58%。中等程度溶于水,能与苯、乙醇、乙醚等混溶。工作场所空气中苯胺的时间加权平均允许浓度为 3mg/m³。工业生产中苯胺以皮肤吸收而引起中毒为主,其液体和蒸气均可经皮肤吸收,此外还可经呼吸道和消化道进入人体。苯胺中毒主要是对中枢神经系统和造血系统造成损害,可引起急性和慢性中毒。急性中毒较轻者感觉头痛、头晕、无力、口唇青紫,严重者进而出现呕吐、精神恍惚、步态不稳以致意识消失或昏迷、瞳孔收缩或放大等现象。慢性中毒者最早出现头痛、头晕、耳鸣、记忆力下降等症状。皮肤经常接触苯胺时可引起湿疹、皮炎。因此掌握此类物质的准确浓度,对保障生产人员生命安全具有重要意义。本实验的目的如下。

(1)了解分光光度计的结构、工作原理和性能;
(2)掌握分光光度计光度测定模块定量测定化学品浓度的原理;
(3)学会分光光度法测定苯胺含量的操作技术。

二、实验原理

分光光度法是根据物质分子或离子对紫外和可见光谱区辐射能的吸收,而对物质进行定性、定量和结构分析的一种方法。分光光度定量分析最常用的方法是标准曲线法,即先将被测样品的标准物配制一定浓度的溶液,再将该已知浓度的溶液配制成一系列的标准溶液,在一定波长下,测试每个标准溶液的吸光度,以吸光度为纵坐标,标准溶液对应的浓度值为横坐标,绘制得到标准曲线,最后按照标准曲线的绘制程序测得被测样品的吸光度值,在标准曲线上查出被测样品对应的浓度或含量。分光光度计所使用的波长范围通常在 $180\sim1\,000$nm,其中 $180\sim380$nm 是近紫外光,$380\sim1\,000$nm 为可见光。

苯胺类化合物在酸性条件下与亚硝酸盐重氮化,再与盐酸萘乙二胺偶合,生成紫红色化合物。根据颜色深浅,比色定量。本方法的检出浓度为 0.03mg/L(吸光度 $A=0.010$ 所对应的苯胺浓度),测定上限为 50mg/L。经九个实验室分析,该分析方法对苯胺的测定值的相对标准偏差小于 2.4%,测定值的相对误差小于 0.2%。

三、实验仪器

本实验所用仪器为岛津 UV-2550 型分光光度计,它包括光谱模块、光度测定模块、动力学模块和报告生成器模块四个组成部分。光谱模块的基本功能是控制分光光度计和扫描指定范围内的波长,并记录下扫描范围内各波长的吸收值、透射率、反射率或能量读数。光度测定模块主要用于测试样品中某种物质的浓度;使用分光光度计测定并建立工作曲线,利用工作曲线计算未知样品的浓度值或者通过建立与自定义方程获得推导值。动力学模块的主要功能是可观测样品吸收值、透过率、反射率和能量等参数随时间的改变而发生的变化。功能强大并可改变格式的报告生成器,可通过使用链接或嵌入数据建立并打印自定义报告;报告在任何模块内均可立即打印。

UV-2550 型分光光度计通过 UVProbe 个人软件包来实现实验数据采集、分析和报告。UVProbe 是一个支持文件共享的统一的软件包,可将光谱模块、光度测定模块、动力学模块和报告生成器模块的程序合并统一,每一个模块都将其指令放置在大的 UVProbe 平台上,并各有特定的用途和性能。每一个模块均有各自的工具栏、菜单、表格、图像和屏面排列,界面类似但作用不同。

本实验采用光度测定模块对苯胺类物质进行浓度分析测定。光度测定模块中,一个完整的测定包括连通分光光度计、创建测定方法、输入样品信息和测定四个过程,详见实验内容与方法。

四、实验试剂

除特别说明外,均使用符合国家标准的分析纯试剂和蒸馏水。

(1) 10%硫酸氢钾溶液;

(2) 无水碳酸钠;

(3) 精密 pH 试纸:pH 值 0.5~5.0;

(4) 5%亚硝酸钠溶液:称取 5g 亚硝酸钠,溶于少量水中,稀释至 100mL;应配少量,储存于棕色瓶中,置于冰箱内保存;

(5) 2.5%氨基磺酸铵溶液;

(6) 0.05mol/L 硫酸溶液;

(7) 2%N-(1-萘基)-乙二胺盐酸盐(NEDA)溶液;

(8) 苯胺标准储备液:于 25mL 容量瓶中加入 0.05mol/L 硫酸溶液 10mL,称量(准确至 0.1mg),然后加入 3~5 滴苯胺(再一次称量),用 0.05mol/L 硫酸溶液稀释至刻度线,摇匀;计算出每毫升溶液中所含苯胺的量,作为储备液于冰箱内保存;

(9) 苯胺标准使用液:用 0.05mol/L 硫酸溶液稀释苯胺标准储备液,制成每毫升含 10.0μg 苯胺的标准使用溶液,临用时配制。

五、实验内容与方法

1. 标准溶液的配制

取若干 25mL 具塞比色管,分别加入 0、0.25、0.50、1.00、2.00、3.00、4.00mL 苯胺标准使用液,各加水至 10mL,摇匀。加 0.6mL10%硫酸氢钾溶液调节 pH 至 1.5~2.0(用精密 pH 试纸测试),加 1 滴 5%亚硝酸钠溶液,摇匀,放置 3min。加入 2.5%氨基磺酸铵溶液 0.5mL,充分振荡后,放置 3min。待气泡除尽,加入 2%NEDA 溶液 1.0mL,用水稀释至刻度,摇匀,放置 30min。

～～～～～～～～～～ 2. 连通分光光度计 ～～～～～～～～～～

在计算机和分光光度计完成硬件连接,并且 UV Probe 系统已经安装的情况下,打开分光光度计电源,打开桌面上的[UV Probe]图标,点击工具栏中的[连接],分光光度计进行自检和初始化程序。

～～～～～～～～～～ 3. 执行基线校正 ～～～～～～～～～～

基线校正设定当前选择的波长范围内的背景为零,在此范围内的所有的后续的读数受其影响。基线校正确保在采集数据时有较好的参照点。定期进行基线校正可补偿漂移。在开始基线校正之前,确认样品和参比光束上无任何障碍物,并且样品室中无样品。完成基线校正后,UV Probe 将基线校正后的信息存储到仪器履历中,包括分析者、日期和时间。

具体步骤如下。

(1) 点击光度计按键栏中的[基线]来进行基线的初始化操作。

(2) 当[基线参数]对话框弹出时,在[开始]波长和[结束]波长中分别输入 700 和 300。

(3) 点击[确定]。注意基线校正过程中光度计状态窗口的读数变化。

当完成扫描后,点击输出窗口的[仪器履历]标签,可查看列出的基线校正信息。

～～～～～～～～～～ 4. 创建测定方法 ～～～～～～～～～～

选择 UV Probe 系统基本界面上的[编辑]菜单→[方法],打开"光度测定方法向导"。

(1) 设置测定波长(图 27-1)

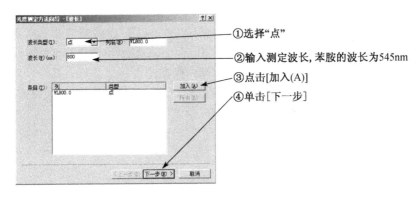

①选择"点"

②输入测定波长,苯胺的波长为545nm

③点击[加入(A)]

④单击[下一步]

图 27-1 UV-2550 型分光光度计波长设置界面示意图

(2) 设置方法以创建标准曲线

单击[下一步]后,显示创建标准曲线的方法设置对话框(图 27-2)。对话框将按照标准方法的设置次序依次显示。

① 在[类型]选择框中选择[多点],标准曲线将基于多个数据点建立。在[公式]选择框中选择[单波长比值]。在[WL1]选择框中选择[WL545.0]。确认[列名]框中输入的为[结果]以保证

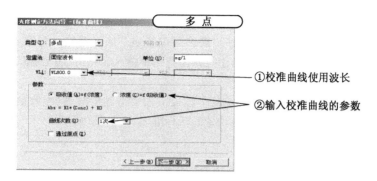

图 27-2　分光光度计标准曲线参数设置示意图

[结果]列加入在表中。当读取每个样品后,[结果]列显示的是 545nm 下的吸光度数值。在[曲线次数]选择框中选择[1 次],单击[下一步]键。

② 将出现[测定参数(标准)]标签页。在此页中可以设置标准样品数据的采集方法。不做任何更改,直接点击[下一步]键,将出现[测定参数(样品)]标签页。在此页中可以设置未知样品数据的采集方法,不做任何更改,直接点击[下一步]键,将出现[文件属性]页。不做任何更改,点击[完成]键。

③ [光度测定方法]窗口出现,点击[仪器参数]选项卡。在[测定方式]选择框中,选择[吸收值]。使用固定狭缝,跳过[狭缝宽]选择框的操作。此标签页中的其他参数保留默认值。

④ 点击[关闭]。确认"标准表"与"样品表"中均含有[WL545.0]和[结果]列。

(3) 保存方法

选择[文件]→[另存为],确认存储目录在 Data 文件夹下。在文件名输入框中输入 PhotoMeth,在[保存类型]选择框中选择[方法文件(*.pmd)],点击[保存]。这样就将建立的数据采集方法保存起来,方便以后测量使用,如图 27-3 所示。

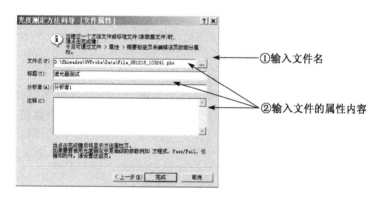

图 27-3　分光光度计光度测定方法保存设置示意图

5. 建立标准曲线

(1) 在测量之前输入文件信息,调用已保存的测量方法

选择[文件]→[打开]。确认文件夹列表中显示的是 Data 文件夹。选择[文件类型]选择框

→[方法文件(＊.pmd)]。在文件列表中双击[PhotoMeth.std]打开文件。[文件属性]窗口出现,在[文件名]对话框中输入"Photo 1",文件扩展名可以忽略。当需要输入标题与注释时,请分别在[标题]对话框与[注释]对话框中输入,也可保留空白不输入。点击[确定]按钮。

（2）建立标准样品表

标准表是已知浓度物质在指定波长或几个波长下采集得到的数据(吸收值、透射率、能量或反射率)的结果表。双击标准表中的任意位置激活标准表,在表头位置将显示"激活"。在标准表中输入样品 ID 与浓度值,如图 27-4 所示。

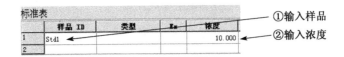

图 27-4　分光光度计标准物质标准表设置示意图

（3）测量标准样品

点击光度计按钮栏的[连接]按钮。取用 10mm 比色皿,将一号标准样品放入样品室中,点击[读取 Std.](或者按下键盘上的 F9 键)。当出现"这个标准没有关联的空白,是否继续?"提示时,点击[是(Y)]。将分光光度计旋转到测量波长下,测量样品的吸光度,UV Probe 将得到的值在标准表中的 WL545.0 与结果列中显示。依次将余下的样品放入样品室,并完成测量。

（4）查看标准曲线

现在曲线已经依照标准表中的数据创建,选择[视图]→[标准曲线],可显示标准曲线。选择[选择编辑]→[方法],改变曲线方程的次数,观察由此对曲线产生的影响。

（5）保存标准表

选择[文件]→[另存为],确认保存路径为 Data 文件夹。在[文件名]输入框中输入 Standard1,然后在[保存类型]框中选择[标准文件(＊.std)],点击[保存]。

〰〰〰〰〰〰　6．测量未知浓度的样品　〰〰〰〰〰〰

（1）建立样品表

样品表记录的是一种物质未知浓度的样品的测量值(吸光度、透过率、能量或者反射率)。UV Probe 通过标准曲线计算样品表中每个条目的浓度。标准表与样品表数据采集方法设置应该是相同的,除了测量参数信息以外,点击并激活"样品表",在样品表中的样品 ID 列中输入[样品 ID],如图 27-5 所示。

图 27-5　分光光度计测试物质样品表设置示意图

（2）读取样品表

待测样品用中速滤纸过滤后,吸取滤液适量(含苯胺 0.5～30μg)于 25mL 具塞比色管中,加水稀释至 10mL,按标准样品测量方法进行操作。以蒸馏水代替样品,按待测样品相同操作步骤进行空白参比测试。将未知样品放入分光光度计的样品室中。点击[读取 Unk.]按钮,仪器将读取测定波长下的数据,并根据计算结果对照标准曲线得到样品的浓度。重复以上操作,测试余下的样品。注意查看结果。浓度值基于标准曲线获得。

（3）查看样品图像

改变曲线方程的次数,查看由此对样品表与样品图像产生的影响。

（4）保存数据

选择[文件]→[保存],样品表的数据将被保存。

六、注意事项

（1）显色温度对反应有影响,最佳反应温度在 22～30℃,若室温高于或低于此温度范围,可在恒温水浴中显色,或采用同时绘制标准曲线的办法进行测定。保存在冰箱的样品及试剂,比色前一定要放置到室温,以消除温度的影响。

（2）色度较深的样品,可分取与显色相同体积的水样,按同样的操作步骤,但免去加1mL 2% NEDA 溶液步骤,测量其吸光度。

（3）对色泽很深或含酚量较高的水样,测定苯胺时,可采用蒸馏法以消除干扰。蒸馏操作步骤为:分取 100mL 水样于蒸馏瓶中,用 4%氢氧化钠溶液调节至碱性,加热蒸馏。待蒸出 80mL 时,停止加热,稍冷后,往蒸馏瓶中加入 20mL 水,继续蒸馏至蒸出 100mL 馏出液为止。

七、思考题

在测定样品时,为什么要进行蒸馏水的空白参比实验?

八、附件

表 27-1　工作场所空气中有害物质的分光光度检测方法汇总

元素种类	代表化合物	方法标准号	方法名称
铍	金属铍、氧化铍	GBZ/T 160.3	桑色素荧光分光光度法
铬	铬酸盐、重铬酸盐、三氧化铬	GBZ/T 160.7	二苯碳酰二肼分光光度法
铅	金属铅、氧化铅、硫化铅和四乙基铅	GBZ/T 160.10	双硫腙分光光度法
锰	金属锰、二氧化锰	GBZ/T 160.13	磷酸-高碘酸钾分光光度法
钼	金属钼、氧化钼	GBZ/T 160.15	硫氰酸盐分光光度法
钽	五氧化二钽	GBZ/T 160.20	碘绿分光光度法
锡	金属锡、二氧化锡、二月桂酸二丁基锡	GBZ/T 160.22	二氧化锡栎精分光光度法
			二月桂酸二丁基锡的双硫腙分光光度法

元素种类	代表化合物	方法标准号	方法名称
钨	金属钨、碳化钨	GBZ/T 160.23	硫氰酸钾分光光度法
钒	钒铁合金、五氧化二钒	GBZ/T 160.24	N-肉桂酰-邻-甲苯羟胺分光光度法
锌	金属锌、氧化锌、氯化锌	GBZ/T 160.25	双硫腙分光光度法
锆	金属锆、氧化锆	GBZ/T 160.26	二甲酚橙分光光度法
硼	三氟化硼	GBZ/T 160.27	苯羟乙酸分光光度法
砷	三氧化二砷、五氧化二砷、砷化氢	GBZ/T 160.31	二乙氨基二硫代甲酸银分光光度法
			砷化氢的二乙氨基二硫代甲酸银分光光度法
无机含氮化合物	一氧化氮、二氧化氮、氨、氰化氢、氢氰酸、氰化物、叠氮酸、叠氮化物	GBZ/T 160.29	一氧化氮和二氧化氮的盐酸萘乙二胺分光光度法
			氨的钠氏试剂分光光度法
			氰化氢和氰化物的异烟酸钠-巴比妥酸钠分光光度法
			叠氮酸和叠氮化物的三氯化铁分光光度法
无机含磷化合物	磷酸、磷化氢、五氧化二磷、三氯化磷、五硫化二磷、三氯硫磷、三氯氧磷	GBZ/T 160.30	磷酸的钼酸铵分光光度法
			磷化氢的钼酸铵分光光度法
			五氧化二磷和三氯化磷的钼酸铵分光光度法
			五硫化二磷和三氯硫磷的对氨基二甲基苯胺分光光度法
氧化物	臭氧、过氧化氢	GBZ/T 160.32	臭氧的丁子香酚分光光度法
			过氧化氢的四氯化钛分光光度法
硫化物	二氧化硫、三氧化硫、硫酸、硫化氢、氯化亚砜	GBZ/T 160.33	二氧化硫的四氯汞钾-盐酸副玫瑰苯胺分光光度法
			三氧化硫和硫酸的氯化钡比浊法
			硫化氢的硝酸银比色法
			二氧化碳的二乙胺分光光度法、氯化亚砜的硫氰酸汞分光光度法
氯化物	氯气、氯化氢、盐酸、二氧化氯	GBZ/T 160.37	氯气的甲酸橙分光光度法
			氯化氢和盐酸的硫氰酸汞分光光度法
			二氧化氯的酸性紫R分光光度法

续表

元素种类	代表化合物	方法标准号	方法名称
醇类	二氯丙醇	GBZ/T 160.48	二氯丙醇的变色酸分光光度法
硫醇	乙硫醇	GBZ/T 160.49	乙硫醇的对氨基二甲基苯胺分光光度法
酚类	苯酚、间苯二酚	GBZ/T 160.51	苯酚的4-氨基安替比林分光光度法
			间苯二酚的碳酸钠分光光度法
脂肪族醛类	甲醛、糠醛	GBZ/T 160.54	甲醛的酚试剂分光光度法
			糠醛的苯胺分光光度法
羧酸类	对苯二甲酸	GBZ/T 160.59	对苯二甲酸的紫外分光光度法
酰基卤类	光气	GBZ/T 160.61	紫外分光光度法
酰胺类	甲酰胺	GBZ/T 160.62	甲酰胺的羟胺-氯化铁分光光度法
芳香族酯类	邻苯二甲酸二丁酯、邻苯二甲酸二辛酯、三甲苯磷酸酯	GBZ/T 160.66	三甲苯磷酸酯的紫外分光光度法
异氰酸酯类	MDI、PMPPI	GBZ/T 160.67	MDI和PMPPI的盐酸萘乙二胺分光光度法
腈类	丙酮氰醇	GBZ/T 160.68	丙酮氰醇的异烟酸钠-巴比妥酸钠分光光度法
肼类	肼、甲基肼、一甲基肼、偏二甲基肼	GBZ/T 160.71	肼和一甲基肼的对二甲氨基苯甲醛分光光度法
			偏二甲基肼的氨基亚铁氰化钠分光光度法
芳香族胺类	对硝基苯胺	GBZ/T 160.72	对硝基苯胺的紫外分光光度法
硝基烷烃类	氯化苦	GBZ/T 160.73	盐酸萘乙二胺分光光度法
芳香族硝基	硝基苯、一硝基氯苯、二硝基氯苯、二硝基甲苯	GBZ/T 160.74	硝基苯、一硝基氯苯、二硝基氯苯和二硝基甲苯的盐酸萘乙二胺分光光度法
有机磷农药	敌百虫	GBZ/T 160.76	敌百虫的二硝基苯肼分光光度法
炸药类	硝基胍、黑索金、奥克托今	GBZ/T 160.80	硝基胍的紫外分光光度法
			黑索金的变色酸分光光度法
			奥克托今的盐酸萘乙二胺分光光度法

实验 28　气相色谱法对空气中苯系物的测定

一、实验目的

苯系物包括苯、甲苯、乙苯、二甲苯(包括邻-二甲苯、间-二甲苯和对-二甲苯)、异丙苯、苯乙烯等物质。苯系物作为重要的有机溶剂及生产原料,在化工、炼油、炼焦、油漆、农药、医药等行业有着广泛的应用,因此这些行业的从业人员均有可能接触到苯系物。其中除了苯是已知的致癌物外,其他几种化合物对人体均有不同程度的毒性。因此掌握此类物质的准确浓度,对保障生产人员的生命安全具有重要意义。下面以苯为例来说明此类物质的具体危害。

苯是一种有特殊香味、无色透明的液体,沸点为 80.1℃,闪点为 -12~-10℃,爆炸极限范围为 1.3%~9.5%。常温下易蒸发,微溶于水,易溶于乙醚、乙醇、丙酮等有机溶剂。苯在工农业生产中使用广泛。在苯的加工生产,化工中的香料、合成纤维、合成橡胶、合成洗涤剂、合成染料、酚、氯苯、硝基苯的生产,以及使用溶剂和稀释剂如喷漆、制鞋、绝缘材料等行业中均有接触苯的生产过程。生产过程中苯主要经呼吸道进入人体,经皮肤仅能进入少量。工作场所空气中苯的时间加权平均允许浓度为 6mg/m³,短时间接触允许浓度为 10mg/m³。苯可造成急性中毒和慢性中毒。急性苯中毒是由于短时间内吸入大量苯蒸气引起的,主要表现在中枢神经系统。初期有黏膜刺激,随后可出现兴奋或酒醉状态及头痛、头晕等现象。症重者除上述症状外还可出现昏迷、阵发性或强直性抽搐、呼吸浅表、血压下降,症重时可因呼吸和循环衰竭而死亡。慢性苯中毒主要损害神经系统和造血系统,表现为神经衰弱综合征,有头痛、头晕、记忆力减退、失眠等现象。慢性苯中毒在造血系统引起的典型症状为白血病和再生障碍性贫血。在使用苯的生产场所应注意通风净化措施,必要时可使用防苯口罩、液体防苯手套等防护用品。

本实验的目的如下。

(1) 熟悉气相色谱仪的基本原理;

(2) 掌握空气中苯系物的采集和保存方法;

(3) 学会气相色谱手动进样和测定苯系物的操作技术;

(4) 掌握气相色谱实验数据的检验与处理方法。

二、实验原理

色谱分析法是一种利用样品中各组分在固定相和流动相中具有不同的分配系数(或吸附系数、渗透性),从而使待分析样品中的各组分依次分离,然后进行检测的分离分析方法。气相色谱法是以气体作为流动相,固体吸附剂或有机液体作为固定相,当气体流动相(即载气)携带欲分离的混合物经固定相时,由于混合物中各组分的性质不同,与固定相作用的程度也有所不同,因而各组分在两相间具有不同的分配系数,经过多次的分配之后,各组分在固定相中的滞留时间有长有短,从而使各组分依次先后流出色谱柱而得到分离。分离后各组分随载气进入检测器,产生检测信号,将检测信号送至记录仪并被记录。记录仪得到的图谱称为色谱图,根据色谱图即可进行定性和定量分析。气相色谱可分离几十乃至几百个组分的混合物,而且还能分离性质极相近的化合物,效率高。流动相气体迁移速率高,分析速度快,一般几分钟就可以完成一个分析周期。由于检测器的灵敏度高,气相色谱最低检出量可达 $10^{-14} \sim 10^{-7}$ g,最低检出含量为 μ g/L 级。

气相色谱常用检测器有热导池检测器(TCD)、氢火焰离子化检测器(FID)等。FID 以氢气在空气中燃烧生成的火焰为能源,当有机物进入火焰时发生离解,生成的正负离子在火焰周围设置的电场的作用下,定向运动而形成离子流,经过高电阻变成电压信号,放大后显示在记录仪上。

本实验采用活性炭吸附管采集空气中的苯、甲苯和二甲苯,然后用二硫化碳将其萃取提取,通过气相色谱仪采用外标法进行定性和定量分析,以保留时间定性,峰面积定量。

三、实验仪器

(1) 气相色谱仪:Agilent 7890A GC,具有 FID 检测器。配备气体有:高纯 H_2(99.999%)、干燥无油压缩空气、高纯 N_2(99.999%)。

(2) 空气采样器:0~1L/min 空气采样器。

(3) 活性炭吸附管:长 100mm×内径 3.5~4.0mm 的玻璃管。内装 500mg 活性炭(预先在 350℃灼烧 3h,放冷后备用)。在玻璃管中间用玻璃棉隔开,分为 a、b 两段。

(4) 微量注射器:10μL。

四、实验试剂

(1) 二硫化碳:分析纯,使用前必须纯化,经色谱检验,无杂峰即可。

(2) 苯/甲苯/二甲苯:色谱纯。

(3) 活性炭:20~40 目,用于活性炭吸附管。

(4) 标准化合物储备液:苯、甲苯、二甲苯均为色谱纯级,用二硫化碳配制成每毫升含标准化合物 5~10μg。

五、实验内容及方法

(1) 苯系物标准溶液配制

用二硫化碳逐级释放标准化合物储备液,配制成含苯、甲苯分别为 2ng/μL、4ng/μL、6ng/μL、8ng/μL、10ng/μL,含邻-二甲苯、间-二甲苯和对-二甲苯分别为 4ng/μL、8ng/μL、12ng/μL、16ng/μL、20ng/μL 的系列标准溶液。取标准溶液 2.0mL 于 5mL 容量瓶中,加入 0.25g 活性炭,振荡 2min,放置 20min 后进行色谱分析。

(2) 标准曲线的绘制

用微量注射器取 2μL 标准溶液注入色谱仪,分别测定苯、甲苯、二甲苯的峰面积值,记录保留时间,并绘制各物质浓度 c-峰面积 A 的标准曲线。

(3) 样品采集

用乳胶管将活性炭吸附管 b 端与空气采样器连接,并垂直放置,以 0.5L/min 流量采集气体 10L,取下采样器后两端用乳胶管密封。

（4）萃取处理

将吸附管 a、b 两段的活性炭，分别移入 2 只 5mL 容量瓶中，加入 2.0mL 二硫化碳，振荡 2min，放置 20min 后即可进行色谱分析。

（5）样品测定

按步骤（2）方法测定萃取的样品，以保留时间定性物质，通过峰面积 A 定量物质含量。同时，取一个未经采样的活性炭吸附管，按样品管进行萃取操作，测量空白管的峰面积 A_0。以 $A-A_0$ 值从各物质的标准曲线上读取对应样品的苯系物含量。并按下列公式计算：

$$c_i = \frac{W_1 + W_2}{V_n} \tag{28-1}$$

式中　c_i——样品中 i 组分的含量，mg/m^3；

　　　W_1——a 段活性炭萃取解吸液中该组分含量，μg；

　　　W_2——b 段活性炭萃取解吸液中该组分含量，μg；

　　　V_n——标准状况下的采样体积，L。

六、实验数据记录与结果处理

（1）色谱条件

色谱柱：长 3m，内径 4mm 螺旋型不锈钢管柱或玻璃色谱柱；

温度：柱温 65℃，气化室温度 200℃，检测器温度 150℃；

气体流速：氮气 40mL/min，氢气 40mL/min，空气 400mL/min；其中氮气为载气；

检测器：FID；

进样口类型：分流/不分流。

（2）数据记录

表 28-1　标准曲线回归结果记录表

序号	1	2	3	4	5	标准方程	相关系数 r
苯/(ng/μL)	2.0	4.0	6.0	8.0	10.0		
甲苯/(ng/μL)	2.0	4.0	6.0	8.0	10.0		
二甲苯/(ng/μL)	4.0	8.0	12.0	16.0	20.0		

七、注意事项

（1）二硫化碳及苯系物为有毒物质，实验过程中应注意安全，以免危害健康。

（2）二硫化碳纯化方法：用 5% 的浓硫酸-甲醛溶液反复提取二硫化碳，直至硫酸无色为止，用蒸馏水清洗二硫化碳至中性，再用无水碳酸钠干燥，重蒸馏，储存于冰箱中备用。

八、思考题

（1）实验中为什么要注意取样和进样量的准确？

（2）测定苯系化合物，是否还有其他采样方法？有何特点？

九、附件

～～～～～～～～～　1. 气相色谱仪操作及设置步骤（手动进样）　～～～～～～～～～

（1）打开 N_2 及 He 气瓶，调节压力；再打开 H_2 气瓶（或 H_2 发生器）及氧气瓶（或空气发生器），调节压力。

（2）打开计算机，进入中文 Windows XP 画面。

（3）打开 7890A GC 电源开关，仪器自检。（7890A 的 IP 地址已通过键盘提前输入 7890A）

（4）打开"安捷伦化学工作站"，选择"仪器 1 联机"，则化学工作站自动与 7890A 通信，进入工作部界面。（通信成功后，7890A 的遥控灯亮）

（5）从"视图"菜单中选择"方法和运行控制"画面，点击"化学工作站状态"，使其命令前有"√"标志，点击"全部菜单"，使之显示为"短菜单"来调用所需的界面。

（6）7890A 配置编辑，按以下步骤进行。

① 点击"仪器"菜单，选择"GC 配置…"进入配置画面。在"连接"画面下，输入 GC 名称（如"GC 7890"），可在"注释"处输入 7890A 的配置。点击"获得 GC 配置"按钮获取 7890A 的配置。（请先在 7890A 键盘上，按"Config"、"Column1"或"Column2"来输入柱长、内径、膜厚等参数，如 $30m \times 320\mu m \times 0.25\mu m$）

② 模块配置设定：点击"模块"按钮进入配置画面。点击下拉式箭头，分别选择进样口、检测器、电子流量控制（APC）、气路控制模块（PCM）的气体类型。对于 FID 检测器要输入点火下限值（如 2.0PA）。

③ 柱参数设定：点击"色谱柱"按钮，进入柱参数设定画面，在"＋/－"下方第一行空白按钮处，双击鼠标，进入"从目录选择色谱柱 1"画面，点击"向目录添加色谱柱"按钮进入柱库，从柱子库中选择已安装的柱子，如 19091J-413。然后点击"确定"按钮，则该柱被加到目录中，并选中它，点击"确定"。点击该柱对应下拉式箭头选择连接的进样口、检测器及加热类型（如前进样口、前检测器、柱箱等）。同样方法添加其他柱子。

④ 其他项设定：点击"其他"进入其他项设定，选择压力单位：psi；输入柱子的最大耐高温：如 325℃（19091J-413 柱）。若阀用于进样，在阀类型区域选择阀号，并选择类型为"开关阀"（仪器上有几个阀就选几个，与时间表配合使用进行阀进样）。点击"确定"退出配置画面。

7890A 配置设置示意图如图 28-1 所示。

（7）数据采集方法编辑与保存，按以下步骤进行。

① 开始编辑完整方法：从"方法"菜单中选择"编辑完整方法…"项，选中除"数据分析"外的三项，点击"确定"。在"方法注释"中输入方法的信息，点击"确定"进入下一画面。

② 进样器设置：使用手动进样，在"选择进样源/位置"画面中选择"手动"，并选择所用的进样口的物理位置（"前"或"后"或"两个"），如图 28-2 所示。如果使用自动液体进样器，则选择"GC 进样器"。点击"确定"，进入下一画面。

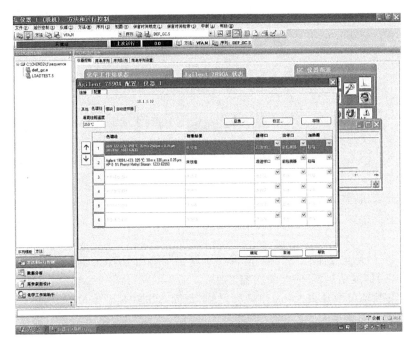

图 28-1   7890A 配置设置示意图

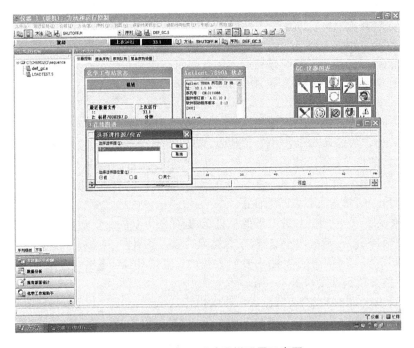

图 28-2   7890A 手动进样设置示意图

③ 柱模式设定：如图 28-3，点击""图标，进入柱模式设定画面，在画面中点击鼠标右键，先选择"下载"，再用同样方法选择"上传"；点击"1"处进行柱 1 设定，然后选中"打开"左边方框；

选择控制模式,"流速"或"压力"。如压力25psi①;或流速6.5mL/min。

④ 进样器参数设定:点击"✐"图标,进入进样器参数设定画面。点击"前进样器"或"后进样器"按钮,进入参数设定画面。选择进样体积(如1μL)。

点击"样品盘/其他"按钮,进入参数设定画面。可以输入提前抽样的时间,亦可不输入。

⑤ 阀参数设定:点击"⬡"图标,进入阀设定画面。若阀用于进样,在Type区域选择类型为"开关阀",初始状态为"关"。

⑥ 填充柱进样口参数设定:点击"⊥"图标,进入进样口设定画面。点击"PP-前"或"PP-后"按钮进入填充柱进样口设定画面。在空白框内输入进样口的温度(如250℃)、控制模式(如流速)及输入隔垫吹扫流量(如3mL/min)。然后全部选中左边的方框,如图28-3所示。

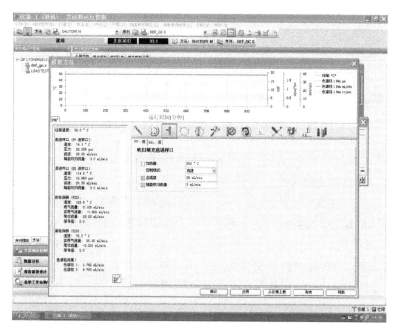

图28-3　7890A填充柱进样口参数设置示意图

⑦ 分流/不分流进样口参数设定:点击"⊥"图标,进入进样口设定画面。点击"SSL-前"或"SSL-后"按钮进入毛细柱进样口设定画面。点击"模式"右方的下拉式箭头,选择进样方式为"不分流"。在空白框内输入进样口的温度(如250℃),然后选中左边的所有方框;选择"隔垫吹扫流量模式"为"标准",并输入隔垫吹扫流量(如3mL/min)。对于特殊应用亦可选择"关闭",进行关闭。在"分流出口吹扫流量"下边的空白框内输入吹扫流量(如0.5min后40mL/min)。如果进样方式为分流,选择"分流",并且要输入分流比或分流流量,如图28-4所示。

⑧ 柱温箱温度参数设定:点击"▦"图标,进入柱温参数设定。在空白表框内输入温度,选中"柱温箱温度为开"左边的方框;℃/min为升温速率,并输入柱子的平衡时间(如1min)。

① 1psi=6 894.76Pa。

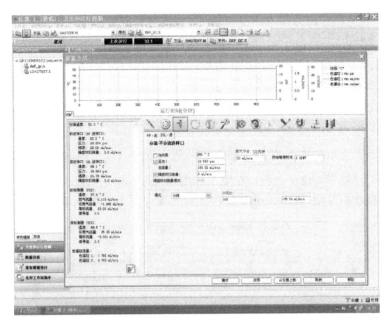

图 28-4　7890A 分流/不分流进样口参数设置示意图

⑨ FID 检测器参数设定：点击"🔍"图标，进入检测器参数设定。点击"FID-前"或"FID-后"按钮进入 FID 检测器设定画面。在空白框内输入：H_2 流速、空气流速、检测器温度、辅助气流量，或辅助气及柱流量的和为恒定值（如 25mL/min），当程序升温时，柱流量变化，仪器会相应调整辅助气的流量，使到达检测器的总流量不变。以上参数设定好后，选中界面上参数对应的左边所有方框，如图 28-5 所示。

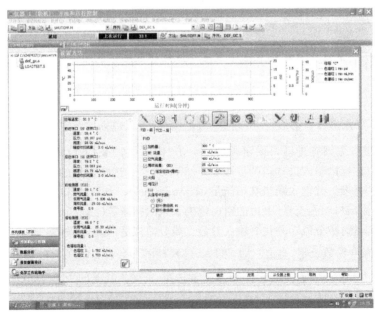

图 28-5　7890A FID 检测器参数设置示意图

⑩ 时间表设定：点击"![icon]"图标，进入时间表参数设定，在"时间"下方的空白处输入时间（如0.01min），点击"事件类型"下方的下拉式箭头，选中事件（如阀）；点击"位置"下方的下拉式箭头，选中事件的位号（如阀1）；点击"设定值"下方的下拉式箭头，选中事件的状态（如打开）。输入完一行，依次输入多行。点击"确定"按钮。

⑪ 信号参数设定：点击"![icon]"图标，进入信号参数设定画面。点击"信号源"下方下拉式箭头，选择"前部信号"，本例中为 FID；点击"数据采集频率/最小峰宽"下方的下拉式箭头，选择数据采集数率（如5Hz），选择"保存"，存储所有的数据，如图28-6所示。

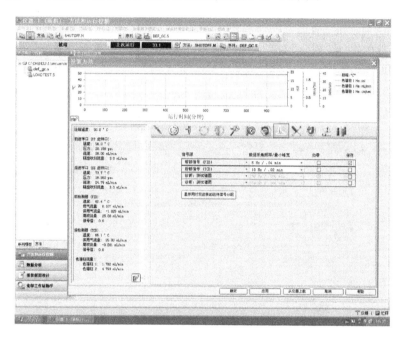

图 28-6　7890A 数据信号参数设置示意图

⑫ 点击"![icon]"，对以上配置进行浏览，点击"确定"，进入下一画面。

⑬ 在"运行时选项表"中选中"数据采集"，点击"确定"。

⑭ 点击"方法"菜单，选中"方法另存为..."，输入方法名，如"testfid"，点击"确定"。

⑮ 从菜单"视图"中选中"在线信号"，选中"窗口1"，然后点击"改变..."按钮，将所要的绘图信号移到右边的框中，点击"确定"。

⑯ 从"运行控制"菜单中选择"样品信息..."选项，输入操作者名称，在"数据文件"中选择"手动"或"前缀/计数器"。选择"手动"，则每次进样之前必须给出新名字，否则仪器会将上次的数据覆盖掉，选择"前缀"时，在前缀框中输入前缀，在计数器框中输入计数器的起始位，仪器会自动命名。

⑰ 点击"确定"。

（8）运行基线，等基线平稳后，从"运行控制"菜单中选择"运行方法"，调用已设置好的方法，进样并手动按 7890A 键盘上的开始键，进行色谱分析。

（9）测定结束后，运行 shutoff 程序（即设置柱温、气化室和检测器温度为室温）。

(10) 关闭 H_2 气瓶(或 H_2 发生器)及氧气瓶(或空气发生器)。

(11) 待柱温、气化室和检测器温度皆为70℃后,关闭色谱仪总电源开关。

(12) 关电脑。关闭 N_2 气瓶。

(13) 数据分析方法编辑,按以下步骤进行。

① 从"视图"菜单中,点击"数据分析"进入数据分析画面。

② 从"文件"菜单中选择"调用信号..."选项,选中数据文件名,点击"确定",则数据被调出。

③ 做谱图优化:从"图形"菜单中选择"信号选项...";从"范围"中选择"全量程"或"自动量程"及合适的显示时间或选择"自定义量程"手动输入 X、Y 坐标范围进行调整,点击"确定"。反复进行,直到图的显示比例合适为止。

④ 积分参数优化:从"积分"菜单中选择"积分事件..."选项,选择合适的"斜率灵敏度""峰宽""最小峰面积""最小峰高"。从"积分"菜单中选择"积分"选项,则数据被积分。如积分结果不理想,则修改相应的积分参数,直到满意为止。点击左边"⬚"图标,将积分参数存入,如图28-7所示。

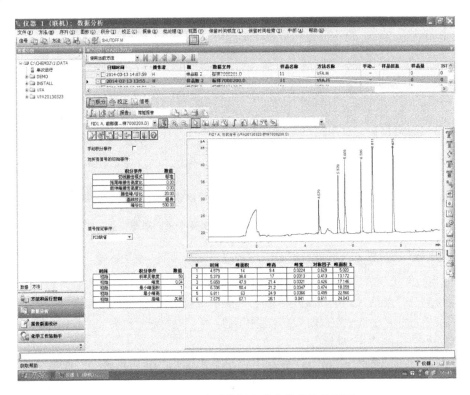

图 28-7 7890A 实验数据积分参数优化示意图

⑤ 打印报告:从"报告"菜单中选择"指定报告..."选项,进入设定界面。点击"定量结果"框中"定量"右侧的黑三角,选中"面积百分比法",其他选项不变。点击"确定"。从"报告"菜单中选择"打印",则报告结果将打印到屏幕上,如想输出到打印机上,则点击"报告"底部的"打印"。

2. 气相色谱检测方法

表 28-2　工作场所空气中有害物质的气相色谱检测方法汇总

种类	代表化合物	方法标准号	方法名称
无机含碳化合物	一氧化碳、二氧化碳	GBZ/T 160.28	一氧化碳的直接进样-气相色谱法
无机含磷化合物	磷化氢	GBZ/T 160.30	磷化氢的气相色谱法
			黄磷的吸收液采集-气相色谱法
硫化物	二硫化碳、六氟化硫、硫酰氟	GBZ/T 160.33	二硫化碳的溶剂解吸-气相色谱法
			六氟化硫和硫酰氟的直接进样-气相色谱法
烷烃类	戊烷、己烷、庚烷、辛烷、壬烷	GBZ/T 160.38	戊烷、己烷和庚烷的热解吸-气相色谱法
			戊烷、己烷和庚烷的溶剂解吸-气相色谱法
			辛烷溶剂解吸-气相色谱法
			壬烷的溶剂解吸-气相色谱法
烯烃类	丁二烯、丁烯、二聚环戊二烯	GBZ/T 160.39	丁二烯的溶剂解吸-气相色谱法
			丁烯的直接进样-气相色谱法
			二聚环戊二烯的溶剂解吸-气相色谱法
混合烃类	溶剂汽油、液化石油气、抽余油、非甲烷总烃	GBZ/T 160.40	溶剂汽油和非甲烷总烃的热解吸-气相色谱法
			溶剂汽油、液化石油气和抽余油的直接进样-气相色谱法
脂肪烃类	环己烷、甲基环己烷、松节油	GBZ/T 160.41	环己烷和甲基环己烷的热解吸-气相色谱法
			环己烷、甲基环己烷和松节油的溶剂解吸-气相色谱法
芳香烃类	苯、甲苯、二甲苯、乙苯、苯乙烯、对-特丁基甲苯、二乙烯基苯	GBZ/T 160.42	苯、甲苯、二甲苯、乙苯和苯乙烯的溶剂解吸-气相色谱法
			苯、甲苯、二甲苯、乙苯和苯乙烯的热解吸-气相色谱法
			苯、甲苯和二甲苯的无泵型采样-气相色谱法
			对-特丁基甲苯的溶剂解吸-气相色谱法
			二乙烯基苯的溶剂解吸-气相色谱法

种类	代表化合物	方法标准号	方法名称
多苯类	联苯	GBZ/T 160.43	溶剂解吸-气相色谱法
多环芳香烃类	蒽、菲、3,4-苯并(a)芘	GBZ/T 160.44	萘、萘烷和四氢化萘的溶剂解吸-气相色谱法
卤代烷烃类	氯甲烷、二氯甲烷、三氯甲烷、四氯化碳、二氯乙烷、六氯乙烷、三氯丙烷、碘甲烷、1,2-二氯丙烷、二氯二氟甲烷	GBZ/T 160.45	三氯甲烷、四氯化碳、二氯乙烷、六氯乙烷和三氯丙烷的溶剂解吸-气相色谱法
			氯甲烷、二氯甲烷和溴甲烷的直接进样-气相色谱法
			二氯乙烷的无泵型采样-气相色谱法
			1,2-二氯丙烷的溶剂解吸-气相色谱法
			二氯二氟甲烷的溶剂解吸-气相色谱法
卤代不饱和烃类	二氯乙烯、三氯乙烯、四氯乙烯、氯乙烯、氯丙烯、氯丁二烯、四氟乙烯	GBZ/T 160.46	二氯乙烯、三氯乙烯和四氯乙烯的溶剂解吸-气相色谱法
			氯乙烯、氯丙烯、氯丁二烯和四氟乙烯的直接进样-气相色谱法
			氯乙烯、二氯乙烯、三氯乙烯和四氯乙烯的热解吸-气相色谱法
			三氯乙烯和四氯乙烯的无泵型采样-气相色谱法
卤代芳香烃类	氯苯、二氯苯、三氯苯、对氯甲苯、苄基氯、溴苯	GBZ/T 160.47	溶剂解吸-气相色谱法
			氯苯的无泵型采样-气相色谱法
醇类	甲醇、丙醇、丁醇、戊醇、辛醇、丙烯醇、二丙酮醇、乙二醇、糠醇、氯乙醇、1-甲氧基-2-丙醇	GBZ/T 160.48	甲醇、异丙醇、丁醇、异戊醇、异辛醇、糠醇、丙烯醇、二丙酮醇、乙二醇和氯乙醇的溶剂解吸-气相色谱法
			甲醇的热解吸-气相色谱法
			1-甲氧基-2-丙醇溶剂解吸-气相色谱法
硫醇类	甲硫醇	GBZ/T 160.49	溶剂洗脱-气相色谱法
烷氧基乙醇类	2-甲氧基乙醇、2-乙氧基乙醇、2-丁氧基乙醇	GBZ/T 160.50	溶剂解吸-气相色谱法
酚类	苯酚、甲酚	GBZ/T 160.51	苯酚和甲酚的溶剂解吸-气相色谱法
脂肪族醚类	乙醚、异丙醚、正丁基缩水甘油醚	GBZ/T 160.52	乙醚和异丙醚的热解吸-气相色谱法
			正丁基缩水甘油醚的溶剂解吸-气相色谱法

续表

种类	代表化合物	方法标准号	方法名称
苯基醚类	氨基茴香醚、苯基醚	GBZ/T 160.53	氨基茴香醚的溶剂解吸-气相色谱法
			苯基醚的溶剂解吸-气相色谱法
脂肪族醛类	乙醛、丙烯醛、异丁醛	GBZ/T 160.54	乙醛的溶剂解吸-气相色谱法
			乙醛和丙烯醛的热解吸-气相色谱法
			异丁醛的溶剂解吸-气相色谱法
脂肪族酮类	丙酮、丁酮、甲基异丁基甲酮、双乙烯酮、异佛尔酮、二异丁基甲酮、二乙基甲酮、2-己酮	GBZ/T 160.55	丙酮、丁酮和甲基异丁基甲酮的溶剂解吸-气相色谱法
			丙酮、丁酮、甲基异丁基甲酮和双乙烯酮的热解吸-气相色谱法
			异佛尔酮的溶剂解吸-气相色谱法
			二异丁基甲酮的溶剂解吸-气相色谱法
			二乙基甲酮的溶剂解吸-气相色谱法
			2-己酮的溶剂解吸-气相色谱法
脂环酮和芳香族酮类	环己酮、甲基环己酮	GBZ/T 160.56	溶剂解吸-气相色谱法
环氧	环氧乙烷、环氧丙烷、环氧氯丙烷	GBZ/T 160.58	直接进样-气相色谱法
			环氧乙烷的热解吸-气相色谱法
羧酸类	甲酸、乙酸、丙酸、丙烯酸、氯乙酸	GBZ/T 160.59	溶剂解吸-气相色谱法
酸酐类	乙酐、邻苯二甲酸酐、马来酸酐	GBZ/T 160.60	乙酐的溶剂解吸-气相色谱法
			邻苯二甲酸酐的溶剂洗脱-气相色谱法
酰胺类	二甲基酰胺、二甲基乙酰胺、丙烯酰胺	GBZ/T 160.62	二甲基酰胺、二甲基乙酰胺和丙烯酰胺溶液采集-气相色谱法
饱和脂肪族酯类	甲酸酯类、乙酸酯类、1,4-丁内酯、乙酸乙酯、乙酸异丁酯、乙酸异戊酯	GBZ/T 160.63	甲酸酯类、乙酸酯类和1,4-丁内酯的溶剂解吸-气相色谱法
			乙酸乙酯的无泵型采样-气相色谱法
			乙酸异丁酯的溶剂解吸-气相色谱法
			乙酸异戊酯的溶剂解吸-气相色谱法
不饱和脂肪族酯类	丙烯酸酯类、乙酸乙烯酯、甲基丙烯酸甲酯、甲基丙烯酸环氧丙酯	GBZ/T 160.64	丙烯酸酯类的溶剂解吸-气相色谱法
			丙烯酸甲酯、乙酸乙烯酯的热解吸-气相色谱法
			甲基丙烯酸甲酯的直接进样-气相色谱法
			甲基丙烯酸环氧丙酯的吸收液采集-气相色谱法

种类	代表化合物	方法标准号	方法名称
卤代脂肪族酯类	氯乙酸甲酯、氯乙酸乙酯	GBZ/T 160.65	溶剂解吸-气相色谱法
芳香族酯类	邻苯二甲酸二丁酯	GBZ/T 160.66	邻苯二甲酸二丁酯的溶剂洗脱-气相色谱法
异氰酸酯类	TDI、MDI	GBZ/T 160.67	TDI 和 MDI 的溶液采集-气相色谱法
腈类	乙腈、丙烯腈、甲基丙烯腈	GBZ/T 160.68	乙腈和丙烯腈的溶剂解吸-气相色谱法
			丙烯腈的热解吸-气相色谱法
			甲基丙烯腈的溶剂解吸-气相色谱法
脂肪族胺类	三甲胺、乙胺、二乙胺、三乙胺、乙二胺、丁胺、环己胺	GBZ/T 160.69	溶剂解吸-气相色谱法
醇胺类	乙醇胺	GBZ/T 160.70	液体吸收-气相色谱法
肼类	肼、甲基肼、一甲基肼、偏二甲基肼	GBZ/T 160.71	肼、甲基肼和偏二甲基肼的溶剂解吸-气相色谱法
芳香族胺类	苯胺、N-甲基苯胺、N,N-二甲基苯胺、苄基氰、三氯苯胺	GBZ/T 160.72	苯胺、N-甲基苯胺、N,N-二甲基苯胺和苄基氰的溶剂解吸-气相色谱法
			三氯苯胺的吸收液采集-气相色谱法
芳香族硝基	硝基苯、二硝基苯、一硝基氯苯、二硝基氯苯、一硝基甲苯、二硝基甲苯、三硝基甲苯	GBZ/T 160.74	毛细管柱溶剂解吸-气相色谱法
			硝基苯、二硝基甲苯和三硝基甲苯的填充柱-气相色谱法
杂环	四氢呋喃、吡啶、呋喃	GBZ/T 160.75	四氢呋喃和吡啶的溶剂解吸-气相色谱法
			四氢呋喃和呋喃的热解吸-气相色谱法
有机磷农药	久效磷、甲拌磷、对硫磷、亚胺硫磷、甲基对硫磷、倍硫磷、敌敌畏、乐果、氧化乐果、杀螟松、异稻瘟净、磷胺、内吸磷、甲基内吸磷、马拉硫磷	GBZ/T 160.76	久效磷、甲拌磷、对硫磷、亚胺硫磷、甲基对硫磷、倍硫磷、敌敌畏、乐果、氧化乐果、杀螟松、异稻瘟净的溶剂解吸-气相色谱法
			磷胺、内吸磷、甲基内吸磷或马拉硫磷的酶化学法
有机氯农药	六六六、滴滴涕	GBZ/T 160.77	溶剂洗脱-气相色谱法
拟除虫菊酯类农药	溴氯菊酯、氰戊菊酯	GBZ/T 160.78	溴氯菊酯和氰戊菊酯的溶剂解吸-气相色谱法
炸药类	硝化甘油	GBZ/T 160.80	硝化甘油的溶剂解吸-气相色谱法
醇醚类	二丙烯基乙二醇甲基醚	GBZ/T 160.82	溶剂解吸-气相色谱法

实验 29　高效液相色谱法对多环芳烃的测定

一、实验目的

　　分子结构中含有两个以上苯环的碳氢化合物称为多环芳烃(PAHs)，包括萘、蒽、菲、芘等150 余种化合物。有些 PAHs 还含有氮、硫和环戊烷。PAHs 主要是由煤、石油等矿物性燃料不完全燃烧时产生的，主要的工业污染源是焦化、石油炼制、炼钢等工业排放的废水和废气。

　　国际癌症研究中心(IARC)于 1976 年列出的 94 种对实验动物致癌的化合物，其中 15 种属于 PAHs。常见的具有致癌作用的 PAHs 多为 4～6 元环的稠环化合物。由于苯并[α]芘是第一个被发现的环境化学致癌物，而且致癌性很强，故常以苯并[α]芘作为 PAHs 的代表，它占全部致癌性 PAHs 的 1%～20%。

　　迄今已发现有 200 多种 PAHs，其中有相当部分具有致癌性或致突变作用，如苯并[α]芘、苯并[α]蒽等。PAHs 广泛分布于环境中，可以在我们生活的每一个角落发现，任何有有机物加工、废弃、燃烧或使用的地方都有可能产生多环芳烃，所以日益引起人们的关注。PAHs 在水环境中的最高允许浓度为：地下水 $50\mu g/L$，地面水 $1\mu g/L$，废水 $100\mu g/L$。本实验目的如下。

　　(1) 了解液相色谱测试的基本原理与液相色谱仪的构造和组成；

　　(2) 掌握高效液相色谱仪测定多环芳烃的技术方法。

二、实验原理

　　液相色谱法是指流动相为液体的色谱技术。在经典的流体柱色谱法基础上，引入了气相色谱法的理论，在技术上采用了高压泵、高效固定相和高灵敏度检测器，实现了分析速度快、分离效率高和操作自动化，这种柱色谱技术称作高效液相色谱法(HPLC)。近年来，HPLC 得到了极其迅猛的发展，它可用来进行液固吸附、液液分配、离子交换和空间排阻色谱(即凝胶渗透色谱)分析，应用非常广泛，其仪器的结构和流程也是多种多样的。典型的高效液相色谱仪的结构系统如图 29-1所示。

　　高效液相色谱仪一般都具备储液器、高压泵、梯度洗脱装置、进样器、色谱柱、检测器、恒温器、记录仪等主要部件。储液器中储存的载液(常需除气)经过过滤后由高压泵输送到色谱柱入口。当采用梯度洗脱时，一般需用双泵系统来完成输送。试样由进样器注入载液系统，而后送到色谱柱进行分离。分离后的组分由检测器检测，输出

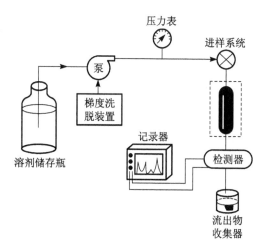

图 29-1　高效液相色谱仪结构示意图

信号供给记录仪或数据处理装置。如果需收集馏分做进一步分析,则在色谱柱出口一侧将样品馏分收集起来。高效液相色谱法中的梯度洗脱,和气相色谱法中的程序升温一样,给分离工作带来很大的方便,现在已成为完整的高效液相色谱仪中一个重要的不可缺少的部分。所谓梯度洗脱,就是载液中含有两种(或更多)不同极性的溶剂,在分离过程中按一定的程序连续改变载液中溶剂的配比和极性,通过载液中极性的变化来改变被分离组分的分离因素,以提高分离效果。应用梯度洗脱还可以使分离时间缩短、分辨能力增加,由于峰形的改善,还可以提高最小检测量和定量分析的精度。

液相色谱仪上最常用的检测器是紫外光度检测器(ultraviolet photometric detector)。它的作用原理是基于被分析试样组分对特定波长紫外光的选择性吸收,组分浓度与吸光度的关系遵守朗伯-比尔定律。紫外光度检测器有固定波长(单波长和多波长)和可变波长(紫外分光和紫外可见分光)两类。紫外光度检测器具有很高的灵敏度,最小检测浓度可达 $10^{-9}\,\mathrm{g/mL}$,因而即使是那些对紫外光吸收较弱的物质,也可用这种检测器进行检测。此外,这种检测器对温度和流速不敏感,可用于梯度洗脱,其结构较简单,缺点是不适用于对紫外光完全不吸收的试样,溶剂的选用受限制(紫外光不透过的溶剂如苯等不能用)。为了扩大应用范围和提高选择性,可应用可变波长检测器,其实际上就是装有流通池的紫外分光光度计或紫外可见分光光度计。应用此检测器还能获得分离组分的紫外吸收光谱,即当试样组分经过流通池时,短时间中断液流进行快速扫描(停流扫描),以得到紫外吸收光谱,为定性分析提供信息,或据此选择最佳检测波长。

目前国内外分离和测定 PAHs 的主要方法有薄层色谱法、气相色谱法和 HPLC 法。而 HPLC 法因为测定不需高温、对某些 PAHs 的测定具有较高的分辨率和灵敏度、柱后馏分便于收集进行光谱鉴定等优点而得到广泛应用。

三、实验仪器

(1) 高效液相色谱仪:LC2000 型(上海天美科学仪器有限公司),配有 LC2030 紫外检测器。

(2) 色谱柱:C18 反相柱。

(3) 中流量采样器。

(4) 滤膜:超细玻璃纤维滤膜。实验前迅速称重在平衡室内已平衡 24h 的滤膜,读数精确至 0.1mg,记下滤膜的编号和质量,将其平展地放在光滑洁净的纸袋内,然后储存于盒内备用。天平放置在平衡室内,平衡室温度在 20~25℃之间,温度变化小于±3℃,相对湿度小于 50%,湿度变化小于 5%。使用前每张滤膜均需光照检查,不得使用有针孔或有任何缺陷的滤膜采样。

(5) 索氏提取器。

(6) K-D 浓缩器。

四、实验试剂

(1) PAHs 标准样品:荧蒽、苯并[b]荧蒽、苯并[k]荧蒽、苯并[α]芘、苯并[ghi]苝、茚并[1,2,3-cd]芘。如无 PAHs 标样,可用烷基取代苯系列(苯、甲苯、二甲苯、三甲苯、乙苯、二乙苯等)。

(2) 流动相用水为二次蒸馏水,甲醇为 HPLC 级。

(3) 其他试剂皆为分析纯级。

五、实验内容及方法

～～～～～～～～～～～～～～～～　1. 采样　～～～～～～～～～～～～～～～～

（1）将已恒重的滤膜用小镊子取出，"毛"面向上，平放在采样夹的网托上，拧紧采样夹，按照规定的流量采样。

（2）采样 5min 后和采样结束前 5min，各记录一次 U 形压力计的压差值，读数精确至 1mm。若有流量记录器，则直接记录流量。测定日平均浓度一般从 8:00 开始采样至第二天 8:00 结束。若污染严重，可用几张滤膜分段采样，合并计算日平均浓度。

（3）采样结束后，用镊子小心取下滤膜，使采样"毛"面朝内，以采样有效面积的长边为中线对叠好，准备下一步的预处理操作。记录有关参数及现场温度、大气压力等。

～～～～～～～～～～～～～～　2. 样品预处理　～～～～～～～～～～～～～～

（1）PAHs 萃取。将颗粒物样品滤膜（"毛"面朝里）折叠后，小心放入索氏提取器的渗滤管中，注意不要让滤膜堵塞回流管，渗滤管上下部分分别与冷凝管和接收瓶连接好，加入 40mL 环己烷，置于温度为（98±1）℃的水浴锅中回流。要求水面要达到接收瓶高度的 2/3，连续回流 8h。

（2）PAHs 的分离及浓缩。称取含水量 10%（质量分数）氟罗里土 6g，制成环己烷浆液，装入内径为 10mm 的玻璃柱内，将环己烷回流液通过层析柱。用 10～20mL 环己烷分 3 次洗涤索氏提取器，洗涤液过柱。用 75～100mL 二氯甲烷/丙酮［体积比为（4:1）～（8:1）］的洗脱液浸泡层析柱（40～60min），再用 50～60mL 洗脱液洗脱（流速控制在 2mL/min 左右）。将全部洗脱液接入浓缩装置，在水浴（60～70℃）上浓缩至预定体积（0.3～0.5mL），供 HPLC 分析。

～～～～～～～～～～～～～～　3. HPLC 分析　～～～～～～～～～～～～～～

（1）色谱条件（供参考，可根据仪器及柱型选用最适合的条件）

① 单泵：流动相为 95% 二次蒸馏水＋5% 甲醇。

② 程序洗脱（双泵或多泵系统）：A 溶剂－85% 二次蒸馏水＋15% 甲醇；B 溶剂－100% 甲醇。

③ 流速：0.5mL/min。

④ 程序洗脱：75%B 溶剂保持 8min，然后以每分钟 1%B 溶剂的速度线性增加至 92%B 溶剂，保持至出完峰，平衡 15min。

⑤ 柱温：30℃。

⑥ 进样量：5～10μL。

⑦ 检测器：254nm 或可调波长为 276nm。

（2）PAHs 的测定

按以上色谱条件分析标样，得到 PAHs 标样的色谱图，并分析未知样品，得到样品色谱图。以保留时间定性，按外标法计算样品中各个 PAHs 的浓度。也可将 PAHs 配成标准系列，测定不同浓度的响应,并绘制响应曲线(标准曲线),即可得样品中 PAHs 的含量。

六、实验数据记录与结果处理

$$PAHs 的含量(\mu g/m^3) = \frac{A_0 \cdot H \cdot V_t}{V_i \cdot V_s}$$

式中　A_0——标样浓度×进样体积/标样峰高,$\mu g/mm$;

　　　H——样品峰高,mm;

　　　V_t——样品浓缩液体积,μL;

　　　V_i——样品进样体积,μL;

　　　V_s——大气样品体积,m^3。

七、注意事项

(1) 分析对象为致癌物,因此操作中应注意防护。

(2) 全部操作要在避光条件下进行,以防 PAHs 分解。

(3) 配备标样的溶剂必须能与流动相很好地混合,否则在色谱分析时可能会出现误差。

(4) 本实验未使用内标,进样量应力求准确。

八、思考题

(1) 本实验是否可以使用正相色谱柱(如硅胶柱)? 为什么?

(2) 是否可以使用内标法? 如果可以,应如何选择内标?

(3) 在使用液相色谱法测定样品时,为提高准确度,有哪些注意事项?

九、附件

～～～～～～　1. 高效液相色谱仪操作及设置步骤　～～～～～～

1) 色谱仪参数设置

在液相色谱仪 LC2000 及电脑安装完全的情况下,可以开始仪器设置操作。

(1) 扳动电源开关开机。在一声短促的蜂鸣后,仪器运行初始化程序,并在屏上一一显示进程。初始化程序包括:滤光片初始化、开启氘灯、波长初始化。如果运行中出现错误,将有出错信息显示在屏上,程序中止。

(2) 初始化正常完成之后,系统进入监视界面,并已开始运行。紫外检测器系统有两个工作模式:主菜单和监视界面。主菜单界面可选择运行程序和参数设置,监视界面表征检测器的运行参数。主菜单界面和监视界面通过[Esc]键切换。

(3) 波长程序(即波长扫描)

在主菜单界面选择 2 进入波长程序设置界面,如图 29-1 所示。波长程序主要用于对样品进行波长扫描分析,寻找某一组分的最大吸收峰值。波长程序设置包括系统基线、程序设置、波长扫描和数据输出四部分内容。扫描的谱图文件在扫描完成后以模拟信号输出,扫描的执行参数在程序设置中编入。

```
流长程序: ▮   系统基线
         2   程序设置
         3   波长扫描
         4   数据输出
```

图 29-1　液相色谱仪主菜单波长程序界面

① 系统基线(背景):流动相在不同的波长上有特定的吸收特性,形成背景图谱。背景扫描是为了记录扫描波段中的背景,以便在样品的扫描图谱中扣除背景的影响。系统基线扫描波段:190~600nm;分辨力:每步 1nm。在波长程序设置界面选择 1,自动扫描系统基线。在扫描过程中实时显示波长值。扫描完成后界面将提示是否保存数据:按[ENTER]保存,按[ESC]放弃保存并返回波长程序界面。

② 程序设置(波长扫描参数):在波长程序设置界面选择 2,将进入程序设置界面,为样品的波长扫描选择程序编号、编辑执行参数(起点波长、终点波长和响应速度)。选择一个波长程序号,相当于打开或新建一个文件,以便编辑和充实它的内容,波长程序号在 1~12 之间输入,其中 1~4 号程序执行后的扫描数据可保存在同号的输出文件中;波长在 190~600nm 之间输入。程序号确定时,执行参数被调出,并显示在界面上(如果执行参数空置,显示"×××")。输入过程中按[ESC]键,将退出输入状态,保持以前的参数不变。

③ 波长扫描:在波长程序界面选择 3,进入波长扫描界面,该界面的功能是调用波长程序,执行扫描,保存数据。选定有效的波长扫描程序后进入界面。有两项选择,其中一项为波长扫描(系统基线),是指当进行样品扫描时用系统基线进行背景校正。另一项波长扫描(用户基线)是指当进行样品扫描时用用户基线进行背景校正。用户基线是指操作者定义扫描范围的基线,使用用用户基线可提高基线(细分波长)的分辨力,使样品扫描时的数据处理更精密。和系统基线一样,用户基线只有一组数据,适用于使用相同流动相和相同波长范围的一个或多个样品进行扫描图谱的校正背景。如果流动相或波长范围改变,则用户基线要重新扫描和保存。波长扫描结束后扣除了背景的"纯"样品图谱可由操作者确认后保存到与波长程序同号的内存区域中供选择输出。

需要注意的是:只有波长程序扫描正常完成(没有中途停止),并根据提示按下[ENTER]键保存了扫描结果的数据文件才能进行扫描图谱的模拟输出。

④ 数据输出:选择了有效的数据输出文件后将进入输出参数设置界面。参数包括模拟输出满度补偿、输出速度和运行。补偿是为了使低于当前零位的信号能被输出所叠加的一个吸光度(信号量)。结束后提示"波长扫描数据输出中输出完成",按[ESC]键返回到波长程序设置界面。

(4) 时间程序(波长时间程序)

在主菜单界面选择 3 就进入时间程序界面,如图 29-2 所示。时间程序主要包括四个变量:步序、切换时间(时间)、切换波长(波长)和基线处理(基线),其中主要是后三个变量需要设置,即规定在什么时间转移到什么波长进行分析,转移后基线如何处理。

```
时间程序
▮   程序号: 1
2   编辑
3   运行
```

图 29-2　液相色谱仪主菜单时间程序界面

① 编辑时间程序的第一步是选择程序号,相当于打开或新建一个文件。

② 在时间程序界面选择 2,进入编辑程序界面,可以编辑打开的时间程序。

编辑时间程序时,总是以一步为单位的,也就是说,在编辑过程中,必须把一步的参数(按时间,波长,基线的顺序)全部输入完,才能退出编辑状态,重新选择其他的步序进行编辑。如果在某步编辑中发现前一个输入参数有误,需要完成整步的编辑之后,再选择该步从头开始进行修改。

其中第三个参数"基线"指的是基线的处理方法。有两种处理方法:一种是自动调零(AZ),代号0,它将波长转移后信号的起点调整为零;另一种是保持(HOLD),代号1,它将波长转移后信号的起点调整到波长转移前的同一水平,无痕衔接。如果在输入基线处理方式时,不输入任何数字而直接按下[ENTER]键,则正在编辑的步序将被取消掉,此方法可以用来删除整个一步,后面的步序会依次向前递进一步。

③ 在时间程序界面选择3,按[ENTER]键或[START STOP]键运行选定的时间程序。在运行过程中,界面实时刷新。

(5) 检查程序

在主菜单上选择4,进入检查程序界面,如图29-3所示。

① 光束能量是在指定波长下检查参比光束和样品光束的能量值,作为氘灯能量检查和分析参考。

② 波长精度是以656.1nm和486.0nm能量峰为对象,通过扫描自动检查仪器的波长精度。波长扫描之后,显示仪器的波长示值误差(即波长的显示值和理论值之差)。

③ 氘灯记录有两个功能:检查氘灯实际开启次数和累计工作小时(由仪器自动统计);本记录可以作为操作者考查或估算氘灯使用寿命的备忘录。

```
检查程序:
1 光束能量   2 波长精度
3 氘灯记录   4 能量扫描
5 波长初始化
```

图 29-3 液相色谱仪主菜单检查程序界面

④ 能量扫描是为对定点波长氘灯能量检查的一个补充,本操作对指定波长范围(从长波至短波方向)进行扫描,输出参比和工作两路能量信号,得到完整的氘灯能量谱图。

⑤ 长初始化:在不关机的情况下,重新执行波长初始化,寻找656.1nm峰顶的位置作为系统波长计算的基点。

(6) 泵恒流模式设定

① 同时按住[POWER]和[(SETUP)UTLTY]时,直到泵的模式设定界面出现。

② 按[ENT]键,进入设置程序。

③ 按[1]再按[ENT]键,进入泵的流量模式设置界面。

④ 按[1]再按[ENT]键,按[4]再按[ENT],出现如图29-4所示界面,表示选择恒流模式。

```
SETUP:  PUMP  MODE  CONTRAST    S. NO.
         A    FLOW      4      02AB-111
```

图 29-4 液相色谱仪高压输入泵流量模式设置界面

⑤ 恒流模式设置结束,按[POWER OFF]关闭电源,再按[POWER ON/OF]键,打开电源就会出现恒流工作界面。

(7) 泵梯度工作模式的设定

①~③ 与"泵恒流模式设定"相同。进入泵的流量模式设置界面。

④ 按[1]再按[ENT],出现如图29-5所示界面,表示选择梯度模式。

```
SETUP：PUMP   MODE   CONTRAST      SNO
        A      LOW       4       02AB-111
```

图 29-5　液相色谱仪高压输入泵梯度模式设置界面

⑤ 梯度模式设置结束，按［POWER OFF］关闭电源，再按［POWER ON/OF］键，就出现梯度模式工作界面，如图 29-6 所示。

```
TIME    %A   %A   %A   %A   FLOW   PRESS   [—]
0.0     100   0    0    0   0.000   0.0     1
```

图 29-6　液相色谱仪高压输入泵梯度模式工作界面

2）色谱仪基本操作步骤

当所有的设定已经完成时，按下列步骤进行操作。

（1）确保泵、色谱柱、检测器和数据处理器完全连接好。

（2）把流动相和废液瓶放在适合的位置上。

（3）启动泵，直到流动相充满液路为止。

（4）预热泵，色谱柱和检测器，直到基线稳定为止。

（5）注入样品。

（6）当分析完成时，关闭电源并处理废液。

2. 高效液相色谱检测方法

表 29-1　工作场所空气中有害物质的高效液相色谱检测方法汇总

种类	代表化合物	方法标准号	方法名称
多环芳香烃类	蒽、菲、3,4-苯并[a]芘	GBZ/T 160.44	蒽、菲或 3,4-苯并[a]芘的高效液相色谱法
酚类	β-萘酚、三硝基苯酚、五氯苯酚	GBZ/T 160.51	β-萘酚和三硝基苯酚的高效液相色谱法
			五氯酚及其钠盐的高效液相色谱测定法
脂肪族醛类	三氯乙醛	GBZ/T 160.54	三氯乙醛的溶剂解吸高效液相色谱法
醌类	氢醌	GBZ/T 160.57	高效液相色谱法
酸酐类	马来酸酐	GBZ/T 160.60	马来酸酐的高效液相色谱法
饱和脂肪族酯类	硫酸二甲酯	GBZ/T 160.63	硫酸二甲酯的高效液相色谱法
芳香族酯类	邻苯二甲酸二丁酯、邻苯二甲酸二辛酯	GBZ/T 160.66	邻苯二甲酸二丁酯和邻苯二甲酸二辛酯的高效液相色谱法
异氰酸酯类	IPDI	GBZ/T 160.67	IPDI 的高效液相色谱法
芳香族胺类	苯胺、对硝基苯胺	GBZ/T 160.72	苯胺和对硝基苯胺的高效液相色谱法
拟除虫菊酯类农药	溴氯菊酯、氯氰菊酯、氰戊菊酯	GBZ/T 160.78	溴氯菊酯和氯氰菊酯的高效液相色谱法
			氰戊菊酯的高效液相色谱法
药物类	可的松、炔诺孕酮	GBZ/T 160.79	溶剂解吸-高效液相色谱法

实验 30　原子吸收光谱法对空气中铅的测定

一、实验目的

铅为一种质地较软、具有易锻性的蓝灰色金属,熔点为 327℃,沸点为 1 620℃。加热至400～500℃时,即有大量铅蒸气逸出,在空气中易被氧化成氧化亚铅,并凝聚为铅烟。随着熔铅温度的升高,还可以逐步产生氧化铅、三氧化二铅、四氧化三铅。所有铅氧化物都以粉末状态存在,并易溶于酸。

铅及其化合物广泛用于工业生产中。工业开采中的铅矿主要是硫化铅、碳酸铅矿及硫酸铅矿。在铅冶炼时的混料、烧结、还原和精炼过程中,制造铅丝、铅皮、铅箔、铅管、铅槽、铅丸、电缆、焊接用的焊锡等,以及废铅回收,均有可能接触到铅烟、铅尘或铅蒸气。在冶炼锌、锡、锑等金属和制铅合金时,亦存在铅危害。铅氧化物常用于制造蓄电池、玻璃、搪瓷、景泰蓝、颜料等。另外,含铅油漆、涂料、陶瓷彩釉、蜡纸制造、含铅玩具等的生产过程也会产生铅污染。

铅及其化合物主要是从呼吸道进入人体的,其次为消化道。工作场所空气中铅烟的时间加权平均允许浓度为 $0.03mg/m^3$,铅尘允许浓度为 $0.05mg/m^3$。铅在人体内无任何生理功能,理想的血铅浓度应为零。铅的危害在工业生产中以慢性铅中毒为主。铅中毒患者初期感觉乏力,口内有金属味,肌肉、关节酸痛,继而可出现腹隐痛、神经衰弱等症状。铅中毒严重者可出现腹绞痛、贫血和末梢神经炎,病情涉及神经系统、消化系统、造血系统等。由于铅是蓄积性毒物,中毒后可对人体健康造成长期影响。

空气中铅测定方法分为不需样品预处理的极谱分析法和需要样品预处理的原子吸收光度法及分光光度法。本实验采用火焰原子吸收分光光度法,对环境空气中颗粒铅进行测定。该方法的检出限为 $0.5\mu g/mL$(1％吸收),当采样体积为 $50m^3$ 时,最低检出限浓度为 $5\times10^{-4}\ mg/m^3$。本实验目的如下。

(1) 学习空气中样品的富集采样方法,掌握滤料阻留法采集空气中颗粒物的方法;

(2) 学会湿式消解法处理样品的方法;

(3) 熟悉原子吸收光谱仪的使用方法。

二、实验原理

原子吸收光谱法又称原子吸收分光光度法,在当前职业卫生金属样品的检测中应用最为广泛。它是利用气态原子可以吸收一定波长的光辐射,使原子中外层的电子从基态跃迁到激发态的现象而建立的。由于各种原子核外电子的能级不同,将有选择性地共振吸收一定波长的辐射光,这个共振吸收波长恰好等于该原子受激发后发射光谱的波长,由此可作为元素定性的依据,而吸收辐射的强度在一定的浓度范围内遵循朗伯-比尔定律,可作为元素定量分析的依据。

对于原子吸收值的测量及定量依据,在实际工作中,是以一定光强的单色光 I_0 通过原子蒸

气,然后测出被吸收后的光强 I,吸收过程符合朗伯-比尔定律,即:

$$I = I_0 e^{-KNL} \tag{30-1}$$

式中 K——吸收系数;

N——自由原子总数(近似于基态原子数 N_0);

L——吸收层厚度。

吸光度为
$$A = \lg \frac{I_0}{I} = 0.434\,3KN_0L \tag{30-2}$$

试样中待测元素的浓度与基态原子的浓度成正比,所以在一定浓度范围内,吸光度与试样中待测元素浓度的关系可表示为

$$A = K'c \tag{30-3}$$

式中 A——吸光度;

K'——常数;

c——待测元素浓度。

式(30-3)就是原子吸光光谱法定量分析的依据。

原子吸收光谱仪由光源、原子化器、分光器和检测器组成。光源的作用是提供待测元素的特征谱线(一般是共振线),空心阴极灯光源是目前应用最广泛的原子吸收光源。原子化器的功能是提供能量,使试样干燥、蒸发和原子化。在原子吸收光谱分析中,试样中被测元素的原子化是整个分析过程的关键环节。最常用的原子化器有火焰原子化器、石墨炉原子化器及低温原子化器。分光器由入射和出射狭缝、反射镜和色散元件组成,其作用是将所需要的共振吸收线分离出来。

本实验中将空气中的铅尘、铅烟采用玻璃纤维滤膜采集后,经硝酸-过氧化氢溶液浸出制备成试样溶液。直接吸入空气-乙炔火焰中原子化,在 283.3nm 处测量基态原子对空心阴极灯特征辐射的吸收。在一定条件下,吸收光度与待测样中金属浓度成正比。

三、实验仪器

(1)总悬浮颗粒采样器:中流量采样器。

(2)原子吸收光谱仪及相应的辅助设备。光源选用空心阴极灯或无极放电灯。

(3)微波消解装置或电热板。

(4)4 号多孔玻璃过滤器。

(5)常用玻璃仪器:高型烧杯、容量瓶等。

(6)滤膜:超细玻璃纤维滤膜。空白滤膜的最大含铅量,要明显低于本方法所规定的最低检出浓度。

四、实验试剂

本实验方法中除另有说明外,试剂均为无铅分析纯试剂,实验用水为无铅去离子水或等纯度的水。

161

(1) 铅：含量不低于99.99%。

(2) 硝酸(HNO_3)，$\rho=1.42g/mL$，优级纯。

(3) 过氧化氢(H_2O_2)，约30%（质量分数）。

(4) 氢氟酸(HF)，约40%（质量分数）。

(5) 硝酸溶液：1%硝酸溶液。

(6) 硝酸-过氧化氢混合液：用硝酸和过氧化氢按体积比为1：1配制，临时现配。

(7) 铅标准储备溶液(1.000g/L)：称取$1.000g\pm0.001g$铅于器皿中，加入硝酸15mL，加热，直至溶解完全，然后用水稀释定容至1000mL，混匀。

(8) 铅标准溶液($100\mu g/mL$)：用移液管取10.00mL铅标准储备溶液至100mL容量瓶内，用1%硝酸溶液稀释至标线，混匀。

(9) 燃气：乙炔，纯度不低于99.6%，用钢瓶或由乙炔发生器供给。

(10) 氧化剂：空气，一般由压缩机供给，进入燃烧器以前，应经过适当过滤，以除去其中的水、油和其他杂物。

五、实验内容及方法

1. 采集试样

用中流量采样器，玻璃纤维滤膜过滤直径为8cm时，以50～150L/min流量，采样30～60m³。采样应将滤膜毛面朝上，放入采样夹中拧紧。采样后小心取下滤膜，尘面朝里对折两次叠成扇形，放回纸袋中，并详细记录采样条件。

2. 试样预处理

（1）硝酸-过氧化氢溶液浸出法

取试样滤膜，置于高型烧杯（聚四氟乙烯烧杯）中，加入10mL硝酸-过氧化氢混合溶液浸泡2h以下，在电热板上砂浴加热至沸腾，保持微沸10min，冷却后加入30%过氧化氢10mL，沸腾至微干，冷却，加1%硝酸溶液20mL，再沸腾10min，热溶液通过多孔玻璃过滤器，收集于烧杯中，用少量热的1%硝酸溶液冲洗过滤器数次。待滤液冷却后，转移到50mL容量瓶中，再用1%硝酸溶液稀释至标线，即为试样溶液。

（2）微波消解法

取试样滤膜，放入微波消解的溶样杯中，加入$\rho=1.42g/mL$的硝酸5mL与30%过氧化氢溶液2mL，用微波消解器在1.5MPa下消解5min，取出冷却后用真空抽滤装置过滤，再用1%热硝酸溶液冲洗过滤器数次。待滤液冷却后，转移到50mL容量瓶中，用1%硝酸溶液稀释至标线，即为试样溶液。

3. 空白溶液制备

取同批号等面积空白滤膜，按相同的样品预处理方法操作，制备成空白溶液。

～～～～～～～～～～　4. 测定步骤　～～～～～～～

干扰及其消除:对于火焰原子吸收法,在实验条件下,锑在波长 217.0nm 处有吸收,干扰测定,但在 283.3nm 处,锑不干扰测定。

(1) 原子吸收光谱仪工作条件

波长:283.3nm;灯电流:4mA;火焰类型:空气-乙炔

(2) 标准曲线的绘制

取 7 个 100mL 容量瓶,对照表 30-1,分别加入铅标准溶液,然后用 1‰硝酸溶液稀释至标线,配制成工作标准溶液,其浓度范围包括试样中被测铅浓度。

表 30-1　铅标准系列

序　号	0	1	2	3	4	5	6
铅标准溶液加入体积/mL	0	0.50	1.00	2.00	4.00	8.00	10.00
工作标准溶液铅浓度/(μg/mL)	0	0.50	1.00	2.00	4.00	8.00	10.00
吸光度							

根据选定的原子吸收光谱仪工作条件,测定工作标准溶液的吸光度,以吸光度-铅浓度绘制标准曲线。

(3) 试样溶液的测定

按标准曲线绘制时的仪器工作条件,吸入 1‰硝酸溶液,将仪器调零,吸入空白溶液和试样溶液,记录吸光度值。

当试样溶液的响应值处于标准曲线上限范围以外时,要用 1‰硝酸溶液稀释,使其响应值移至直线区域,并记录下稀释倍数(N)。

特别提示:

① 在测定过程中,要定期地复测空白和标准溶液,以检查基线的稳定性和仪器灵敏度是否发生了变化。

② 对于每批测定,均应将已知含铅量的试样对测定方法的全过程操作,以便确定处理和测定过程中对待测铅的回收率影响。

六、实验数据记录与结果处理

根据所测的吸光度值,在标准曲线上查出试样溶液和空白溶液的浓度,并由式(30-4)计算空气中铅的含量。

$$c = \frac{V \times (c_y - c_0) \times N}{V_0 \times 1\,000} \times \frac{S_t}{S_a} \qquad (30\text{-}4)$$

式中　c——铅及其无机化合物(换算成铅)浓度,mg/m³;

　　　c_y——试样溶液中铅浓度,μg/mL;

　　　c_0——空白溶液中铅浓度,μg/mL;

V——试样溶液体积，mL；

V_0——换算成标准状态下（0℃、101 325Pa）的采样体积，m^3，换算公式为

$$V_0 = V \times \frac{293}{273+t} \times \frac{p}{101.3}$$ (30-5)

S_t——采样滤膜总面积，cm^2；

S_a——测定时所取滤膜面积，cm^2。

注意事项：铅含量低时，可用石墨原子吸收法测定，但需注意样品空白。

七、思考题

（1）环境空气中的铅对人体会造成什么危害？它的来源有哪些？

（2）影响空气中铅测定结果的主要因素有哪些？

八、附件

表 30-1　工作场所空气中有害物质的原子吸收法检测方法汇总

元素种类	代表化合物	方法标准号	可选方法	
锑	金属锑、氧化锑	GBZ/T 160.1	火焰原子吸收光谱法	石墨炉原子吸收光谱法
铋	碲化铋	GBZ/T 160.4	火焰原子吸收光谱法	—
镉	金属镉、氧化镉	GBZ/T 160.5	火焰原子吸收光谱法	—
钙	氧化钙、氰氨化钙	GBZ/T 160.6	火焰原子吸收光谱法	—
铬	铬酸盐、重铬酸盐、三氧化铬	GBZ/T 160.7	火焰原子吸收光谱法	—
钴	金属钴、氧化钴	GBZ/T 160.8	火焰原子吸收光谱法	—
铜	金属铜、氧化铜	GBZ/T 160.9	火焰原子吸收光谱法	—
铅	金属铅、氧化铅、硫化铅和四乙基铅	GBZ/T 160.10	火焰原子吸收光谱法	氢化物-原子吸收光谱法
			四乙基铅的石墨原子吸收光谱法	—
镁	金属镁、氧化镁	GBZ/T 160.12	火焰原子吸收光谱法	—
锰	金属锰、二氧化锰	GBZ/T 160.13	火焰原子吸收光谱法	—
汞	金属汞、氯化汞	GBZ/T 160.14	冷原子吸收光谱法	—
镍	金属镍、氧化镍、硝酸镍	GBZ/T 160.16	火焰原子吸收光谱法	—
钾	氢氧化钾、氯化钾	GBZ/T 160.17	火焰原子吸收光谱法	—

续表

元素种类	代表化合物	方法标准号	可选方法	
钠	氢氧化钠、碳酸钠	GBZ/T 160.18	火焰原子吸收光谱法	—
锶	氧化锶、氯化锶	GBZ/T 160.19	火焰原子吸收光谱法	—
铊	金属铊、氧化铊	GBZ/T 160.21	石墨原子吸收光谱法	—
锡	金属锡、二氧化锡	GBZ/T 160.22	火焰原子吸收光谱法	—
锌	金属锌、氧化锌、氯化锌	GBZ/T 160.25	火焰原子吸收光谱法	—
硒	硒、二氧化硒	GBZ/T 160.34	氢化物-原子吸收光谱法	—
碲	碲、氧化碲、碲化铋	GBZ/T 160.35	火焰原子吸收光谱法	—
铟	铟	GBZ/T 160.83	火焰原子吸收光谱法	—

实验 31　原子荧光光谱法对空气中砷及其化合物的测定

一、实验目的

砷元素广泛地存在于自然界,共有数百种的砷矿物已被发现。目前此元素及其化合物在工业、农业等领域使用广泛。在自然界很少见到天然状态的砷,主要以硫化矿形式存在。单质砷无毒性,但砷化合物均有致命的毒性,如与氢结合形成的砷化氢就是剧毒物。砷微溶于乙醇、碱性溶液,溶于氯仿、苯;遇明火易燃烧,燃烧时呈蓝色火焰并生成三氧化二砷;加热至 300℃ 时可分解为元素砷;遇明火、氯气、硝酸、钾-氯会爆炸。

砷在工业上主要用于有机合成、军用毒气、科研或某些特殊实验中,如砷常被加在除草剂、杀鼠药中;砷为电的导体,被使用在半导体上;砷化物常运用于涂料、壁纸和陶器的制作;砷作为合金添加剂,生产铅制弹丸、印刷合金、黄铜(冷凝器用)、蓄电池栅板、耐磨合金、高强结构钢及耐蚀钢等;砷还用于制造硬质合金;黄铜中含有微量砷时可以防止脱锌等。工作场所空气中砷化氢的最高允许浓度为 0.03mg/m³。砷化氢经呼吸道吸入人体后,随血液循环分布至全身各脏器,其中以肝、肺、脑含量较高。砷化氢具有强烈的溶血性。对于工作场所有可能接触到砷的工作人员应做好防护,佩戴自吸过滤式防尘口罩或空气呼吸器,着胶布防毒衣等。口服砷化合物会引起急性胃肠炎、休克、周围神经病、中毒性心肌炎、肝炎及抽搐、昏迷等,甚至死亡。大量吸入亦可引起急性中毒,但消化道症状较轻。长期接触砷化合物易引起消化系统症状、肝肾损害,皮肤色素沉着、角化过度或疣状增生,多发性周围神经炎。无机砷化合物已被国际癌症研究中心(IARC)确认为致癌物,可引起肺癌、皮肤癌。砷对环境有严重危害,对水体、土壤和大气可造成污染。

本实验采用原子荧光光谱法对空气中砷及其化合物进行测定。本法的检出限为

0.22ng/mL；最低检出浓度为 1.2×10^{-4} mg/m³（以采集 45L 空气样品计）；测定范围为 0.000 2～0.020μg/mL；相对标准偏差为 1.7%～2.6%。本法平均采样效率大于 95%。本实验目的如下。

（1）学习空气中样品的滤膜采集方法，掌握滤料阻留法采集空气中颗粒物的方法；

（2）学会消解法处理样品的方法；

（3）熟悉原子荧光光谱仪的使用方法。

二、实验原理

原子荧光光谱法是以原子在辐射能激发下发射的荧光强度进行定量分析的发射光谱分析法。气态自由原子吸收光源的特征辐射后，原子的外层电子跃迁到较高能级，然后又跃迁返回基态或较低能级，同时发射出与原激发辐射波长相同或不同的辐射即为原子荧光。原子荧光属光致发光，也是二次发光。

同其他光分析方法类似，当气态基态原子浓度较低时，检测器所检测的原子荧光强度可用式（31-1）表示。

$$I_f = \Phi A I_0 \varepsilon L N \tag{31-1}$$

式中　I_f——原子荧光强度；

　　　Φ——荧光量子效率，表示发射荧光光量子数与吸收激发光光量子数之比；

　　　A——受光源照射后在检测系统中观察到的有效面积；

　　　I_0——单位面积上接收入射光的强度；

　　　L——吸收光程长；

　　　ε——峰值吸收系数；

　　　N——能够吸收辐射的基态原子的浓度。

在实际工作中，仪器参数和测试条件保持不变，即 Φ、A、I_0、ε、L 均为常数。即可认为，原子荧光强度与基态原子的浓度成正比，也就是与待测元素浓度成正比，所以可得 $I_f = Kc$，K 为常数，这是原子荧光光谱法定量分析的基本关系式。

原子荧光光谱仪有色散型和非色散型两种类型。色散型原子荧光色谱仪与原子吸收光谱仪非常相似，也是由光源、原子化器、分光系统和检测系统四大部分构成。两者的主要区别在于原子吸收光谱仪采用高强度光源，并且光源和检测器处于直角状态，这样才能避免光源发射线干扰荧光测定。因为荧光强度与激发光源强度呈正比例关系，所以为提高测量灵敏度，必须采用高强度的光源为激发光源。非色散型原子荧光光谱仪与色散型原子荧光光谱仪的不同之处是没有分光系统，所以不能用连续光源，只有用线光源，而且对光源纯度要求较高。

本实验中将空气中砷及其化合物（除砷化氢外）用浸渍微孔滤膜采集，消解后，砷被硼氢化钠还原成砷化氢，在原子化器中，生成的砷基态原子吸收 193.7nm 波长，发射出原子荧光，测定原子荧光强度，进行定量。

三、实验仪器

（1）浸渍微孔滤膜：在使用前 1d，将孔径为 0.8mm 的微孔滤膜浸泡在浸渍液中 30min，取出在清洁空气中晾干,备用。

(2) 采样夹,滤料直径为 40mm。

(3) 小型塑料采样夹,滤料直径为 25mm。

(4) 空气采样器,流量 0～5L/min。

(5) 微波消解器。

(6) 具塞刻度试管,25mL。

(7) 原子荧光光谱仪,有砷空心阴极灯和氢化物发生装置。

四、实验试剂

实验用水为去离子水,用酸为优级纯。

(1) 硝酸,$\rho=1.42g/mL$。

(2) 盐酸,$\rho=1.18g/mL$。

(3) 浸渍液:称取 10g 聚乙烯氧化吡啶(P204),溶于水中,加入 10mL 丙三醇,再加水至100mL。或溶解 9.5g 碳酸钠于 100mL 水中,加入 5mL 丙三醇,摇匀。

(4) 过氧化氢(优级纯)。

(5) 盐酸溶液(1.2mol/L):10mL 盐酸用水稀释至 100mL。

(6) 预还原剂溶液:称取 12.5g 硫脲,加热溶于约 80mL 水中;冷却后,加入 12.5g 抗坏血酸,溶解后,加水到 100mL;储存于棕色瓶中,可保存一个月。

(7) 硼氢化钠或硼氢化钾溶液:称取 7g 硼氢化钠或 10g 硼氢化钾和 2.5g 氢氧化钠,溶于水中并稀释至 500mL。

(8) 标准溶液:称取 0.132 0g 三氧化二砷(优级纯,在 105℃下干燥 2h),用 10mL 氢氧化钠溶液(40g/L)溶解,用水定量转移入 1 000mL 容量瓶中,并稀释至刻度。此溶液为 0.10mg/mL 标准储备液,置于冰箱内保存。临用前,用水稀释成 1.0mg/mL 砷标准溶液,或用国家认可的标准溶液配制。

五、实验内容及方法

～～～～～～～～　1. 样品的采集、运输和保存　～～～～～～～～

现场采样按照 GBZ 159 执行,具体如下。

(1) 短时间采样:在采样点,将装好浸渍微孔滤膜的采样夹,以 3L/min 流量采集 15min 空气样品。

(2) 长时间采样:在采样点,将装好微孔滤膜的小型塑料采样夹,以 1L/min 流量采集 2～8h空气样品。

(3) 个体采样:将装好微孔滤膜的小型塑料采样夹佩戴在采样对象的前胸上部,尽量接近呼吸带,以 1L/min 流量采集 2～8h 空气样品。

采样后,将滤膜的接尘面朝里对折 2 次,放入清洁塑料袋或纸袋内,置于清洁的容器内运输和保存。样品在低温下至少可保存 15d。

~~~~~~~~~~ **2. 试样预处理** ~~~~~~~~~~

将采过样的滤膜放入微波消解器的消化罐中,加入 3mL 硝酸和 2mL 过氧化氢后,置于微波消解器内消解。消解完成后,在水浴中挥发硝酸至几乎全无。用盐酸溶液定量转移入具塞刻度试管中,定容至 25mL。取出 10mL 于另一具塞刻度试管中,加入 2mL 预还原剂溶液,混匀,供测定。若样品液中待测物的浓度超过测定范围,可用盐酸溶液稀释后测定,计算时乘以稀释倍数。

~~~~~~~~~~ **3. 空白溶液制备** ~~~~~~~~~~

将装有浸渍微孔滤膜的采样夹带至采样点,除不连接空气采样器采集空气样品外,其余操作同样品,作为样品的空白对照。

~~~~~~~~~~ **4. 测定步骤** ~~~~~~~~~~

（1）原子荧光光谱仪工作条件

原子化器高度:8mm;原子化器温度:1 050℃;载气（Ar）流量:400mL/min;屏蔽气流量:1 000mL/min。

（2）标准曲线的绘制

在 5 只消化罐中,各放入一张浸渍微孔滤膜,分别加入 0.00、0.10、0.20、0.40、0.50mL 砷标准溶液,配成 0.00、0.10、0.20、0.40、0.50mg 砷标准系列。各加入 3mL 硝酸和 2mL 过氧化氢,按样品处理操作,制成 25mL 溶液。吸取 10.0mL 于具塞刻度试管中,加入 2.0mL 预还原剂溶液,摇匀。参照仪器操作条件,将原子荧光光谱仪调节至最佳测定条件,分别测定标准系列,每个浓度重复测定 3 次,以荧光强度均值对相应的砷含量(mg)绘制标准曲线。

（3）样品测定

用测定标准系列的操作条件测定样品和空白对照溶液。测得的样品荧光强度减去空白对照荧光强度值后,由标准曲线得砷含量(mg)。

六、实验数据记录与结果处理

按下式将采样体积换算成标准采样体积:

$$V_0 = V \times \frac{293}{273 + t} \times \frac{p}{101.3} \qquad (31\text{-}2)$$

式中 V_0——标准采样体积,L;

    V——采样体积,L;

    t——采样点的气温,℃;

    p——采样点的大气压,kPa。

再按下式计算空气中砷的浓度:

$$c = \frac{2.5M}{V_0} \qquad (31\text{-}3)$$

式中 c——空气中砷的浓度,乘以系数1.32或1.53,分别为三氧化二砷或五氧化二砷的浓度,
mg/m³;

M——测得样品溶液中砷的含量,mg;

V_0——标准采样体积,L。

对于时间加权平均允许浓度,按GBZ 159规定计算。

注意事项:①使用浸渍滤膜,可以采集空气中三氧化二砷或五氧化二砷的蒸气和粉尘,若不用浸渍微孔滤膜,则只能采集气溶胶态的砷化物。②样品挥发硝酸时,温度不能过高,不能将溶液挥发干。

七、思考题

(1) 原子荧光光谱分析为什么要采用高强度光源?
(2) 影响砷测定结果的主要因素有哪些?

八、附件

表31-1 工作场所空气中有害物质的原子荧光检测方法汇总

元素种类	代表化合物	方法标准号	可 选 方 法
汞	金属汞、氯化汞	GBZ/T 160.14	原子荧光光谱法
砷	三氧化二砷、五氧化二砷、砷化氢	GBZ/T 160.31	氢化物-原子荧光光谱法
硒	硒、二氧化硒	GBZ/T 160.34	氢化物-原子荧光光谱法
碲	碲、氧化碲、碲化铋	GBZ/T 160.35	氢化物-原子荧光光谱法

第六篇

危险货物危险特性分析实验

实验 32　危险品易燃液体持续燃烧实验

一、实验目的

凡是具有爆炸、易燃、毒害、腐蚀、放射性等危险性质,在运输、装卸、生产、使用、储存、保管过程中,在一定的条件下能引起燃烧、爆炸,导致人身伤亡和财产损失等事故的化学物品,统称为危险化学品。目前常见的、用途较广泛的危险品约有2 200种,危险品的种类繁多,性质各异,或有爆炸、燃烧性,或有氧化性,或有毒性,或有放射性、腐蚀性,或能污染水源及环境,或可以致癌及细胞突变。由于化学品种类太多,需要根据危险性特点对其进行分类,对不同的化学品采取有针对性的安全措施,危险化学品的分类是危险品管理的技术基础。目前,国际通用的危险化学品分类标准有两个:一是《联合国危险货物运输建议书》规定的9类危险化学品的鉴别指标;二是《危险化学品鉴别分类的国际协调系统(GHS)》规定的26类危险化学品的鉴别指标和测定方法,这一指标已为先进工业国家所接受,但尚未形成全球共识。我国国内也有相应的标准,2010年颁布实施国家分类标准《化学品分类和危险性公示通则》。危险化学品的危险性在一定程度上可以通过实例调查或计算进行判断,但是实验方法仍然是判断物质危险性不可或缺的一种重要方法。

危险化学品分类标准中的第三类为易燃液体,易燃液体是指其闪点温度小于或等于 60.5℃（闭杯试验）或 65.6℃（开杯试验）的液体、溶液、乳状液或悬浮液。易燃液体还包括：在温度等于或高于其闪点的条件下提交运输的液体；或以液态在高温条件下运输或提交运输，并在温度等于或低于最高运输温度下放出易燃蒸气的物质，另外还包括液态退敏爆炸品。但不包括由于其危险性已列入其他类别的液体。根据统计，易燃液体在运输时，国际上航行的船舶、货机及国内运输车辆舱（厢）内的最高温度一般不超过 55℃（特殊情况下也有可能由于意外因素而超过这一数值）。因此，闪点低于 55℃ 的液体在运输中有引起火灾的危险。同时考虑到一定的保险系数，国际和国内的有关规定都以闭杯试验闪点小于 60.5℃ 作为区别易燃液体的标准。

易燃液体被列入危险化学品名录中的有 970 多种，每种的危害也有所不同，由此引发的灾难性事故屡屡出现在大众眼前。易燃液体本身具有多种危险性，如高度易燃性、蒸气易爆性、受热膨胀性、流动危险性、流动摩擦带电性、毒害性和液体喷雾危险与喷雾爆炸。易燃液体的使用非常广泛，如油漆、涂料、冶金、精细化工、制药等行业的混合可燃液体。在使用、储存、运输等环节中，易燃液体造成的泄漏、爆炸、火灾等，不仅威胁着人们的生命健康和安全，还会带来极大的经济损失，甚至引发一些社会问题。本实验目的如下。

（1）掌握危险品易燃液体的持续燃烧试验的测定原理；

（2）了解危险品易燃液体持续燃烧试验测定仪的组成及构造；

（3）学会对给定样品进行易燃性测定和结果评估。

二、实验原理

闭杯闪点试验中闪点等于或低于 60.5℃ 的化学品为易燃液体，这类物质指易燃的液体、液体混合物或含有固体物质的液体。但是，按联合国《关于危险货物运输建议书试验和标准手册（第四修订版）》第 32 节的方法进行试验，如果闪点高于 35℃，不持续燃烧的液体不属于易燃液体。图 32-1 为易燃液体判定流程图。本实验测试符合联合国危险品货物运输法规和 CHIP 3 规则，以及 GB/T 21622—2008《危险品易燃体持续燃烧试验方法》。

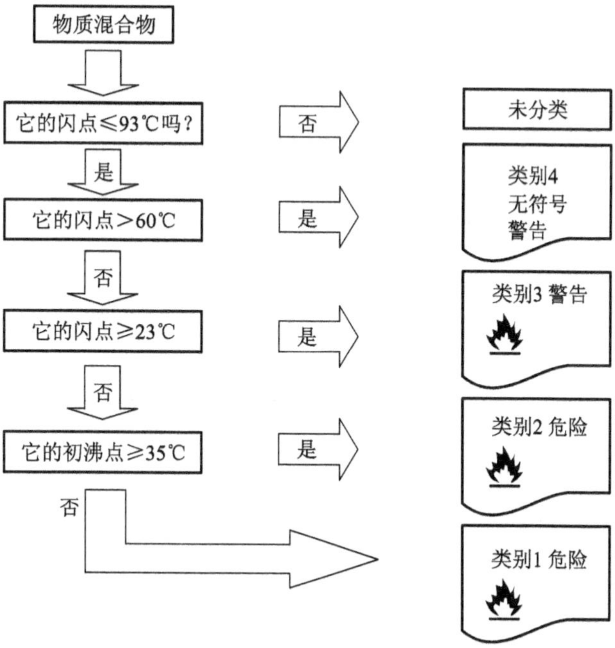

图 32-1　易燃液体判定流程图

注：闪点范围在 55～75℃ 的燃料油、柴油和轻质油，可被视为一特定组；闪点高于 35℃ 的液体如果持续燃烧试验中得到否定结果时，对于某些法规目的（例如运输）可看作为非易燃液体。

三、实验仪器

实验仪器结构如图 32-2 所示，实验装置用于确定物质在试验条件下加热并暴露于火焰时是否能持续

171

燃烧。将凹陷处(试样槽)的金属块加热到规定的温度。移取规定数量的试验物质放到试样槽中,再将标准火焰在规定条件下施加,随后移去观察试验物质是否能够持续燃烧。图 32-3 为持续燃烧试验装置图。

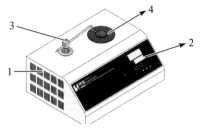

如果任何一个试样在两个加热时间或两个加热温度中的一个发生以下一种情况,应视为持续燃烧。

(1) 试验火焰在"关"的位置时,试样点燃并持续燃烧超过 15s;

图 32-2 仪器外形结构图

1—机箱;2—控制面板;3—点火系统;
4—样品池(带加热管传感器)

(2) 试验火焰在试验位置停留 15s 时,试样点燃,并且在试验火焰回到"关"的位置后继续燃烧超过 15s。间歇地发火花不应解释为持续燃烧。通常在 15s 时,燃烧或者已明显地停止或者继续。如果不能确定,物质应视为持续燃烧。

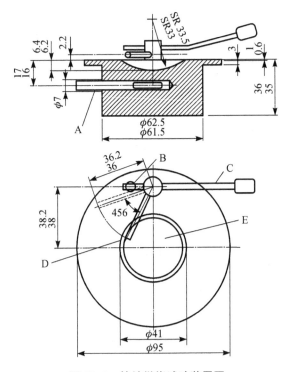

图 32-3 持续燃烧试验装置图

A—温度计;B—关闭;C—手柄;D—气体喷嘴;E—试样槽

仪器基本性能指标如下。

(1) 恒温液体试验温度:60.5℃±1℃,75℃±1℃;

(2) 60s 自动定计时功能;

(3) 火焰球直径:∅5mm;

(4) 气源:煤气、丁烷气、液化气等;

(5) 密封加热电炉:220V、130W;

（6）遥控划扫点火。

四、实验内容及方法

实验操作流程如图 32-4 所示。

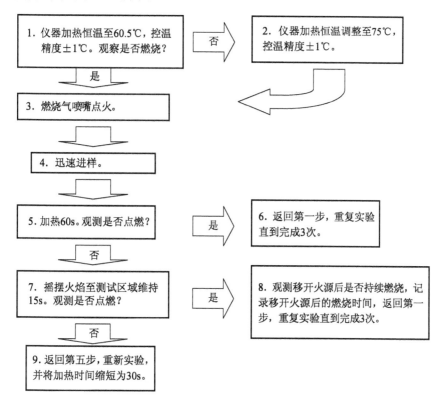

图 32-4　实验操作流程图

（1）持续燃烧试验仪应安装在完全不通风区，并且不应有强光以利于观察闪光、火焰等。（此时要求点火头不在样品池上，可以通过遥控器调整点火头的位置）

（2）操作温控仪加热仪器，使其温度计显示的温度达到 60.5℃±1℃即可。非标准大气压下，根据标准调整设定温度：压力每高或低 4kPa，即将试验温度调高或调低 1.0℃，压力较高时调高，压力较低时调低，同时保证样品池平面与点火头底面的高度是 2.2mm。

（3）在气体喷嘴离开试验位置时点火，调整火焰的大小使其具有 8～9mm 高，5mm 大小。

（4）使用注射器从样品容器精确吸取样品 2.0mL±0.1mL，迅速移进仪器的试样槽中并计时（按仪器上的计时按钮）。

（5）加热时间达 60s 之后（试样被认为已达到其平衡温度的时间），仪器蜂鸣时，遥控划扫点火一次（遥控器"开"），如果样品还没被点燃，摇摆火焰至测试区域（样品液面边缘），维持火焰保持在这个位置 15s 后移开火源。

（6）试验火焰在整个试验过程中应一直点着，试验重复进行 3 次，每次都要用新的试样，每次都要观察记录。

① 火焰移至样品,样品是否可被点燃?

② 当火焰移至测试区域后,维持 15s 后样品是否点燃?

③ 如果是,移开火源后持续燃烧了多久?

(7) 如果没出现燃烧,用新的试样重新试验并把加热时间缩短至 30s。

(8) 如果在 60.5℃时没有观察到持续燃烧现象,那么用新的试样在试验温度 75℃下重复整个程序。

五、实验数据记录与结果处理

实验测定乙醇水溶液的持续燃烧性。乙醇,化学式为 C_2H_5OH,俗名酒精,在常温、常压下是一种易燃、易挥发的无色液体,它的水溶液具有特殊的、令人愉快的香味,并略带刺激性。乙醇为易燃液体,用途极广泛,可用来制作酒类、醋酸、香料、燃料、染料、饮料等。酒精类产品在出厂时一般只标明其度数,没有标明易燃性指标,无法判断其危险性大小,不能明确其危险性分类和包装等级。本实验对含乙醇类易燃液体的危险性进行测定分类(表 32-1)。

表 32-1　含乙醇类易燃液体的危险性实验结果记录

试样						
试验次数	1	2	1	2	1	2
温度/℃						
加热时间/s						
现象						
是否为易燃液体						

根据国际公约及规则规定(《联合国危险货物运输建议案》〈危险货物一览表〉、《联合国危险货物运输建议案》〈危险货物限量运输的一般规定〉),白酒是否属于危险货物与其包装大小还有以下关系。

(1) 对于酒精度在 70% 以上的酒类(包装等级应是 Ⅱ 级),只要内包装的数量高于 1 000mL 就是危险货物;如果是玻璃或塑料内包装,其数量只要高于 500mL 就属于危险货物。

(2) 对于酒精度在 24% 以上 70% 以下的酒类(包装等级应是 Ⅲ 级),内包装数量只要高于 5 000mL 就属于危险货物。例如一般情况下,白酒是装在 500mL 的玻璃瓶内,然后很多这样的玻璃瓶再装入纸盒内,此时纸盒就是外包装,而每个玻璃瓶就是内包装。如果单个玻璃瓶内的白酒的酒精度在 70% 以上,那么它的数量超过 500mL 就属于危险货物;如果单个玻璃瓶内的白酒的酒精度在 24% 以上 70% 以下,那么它的数量超过 5 000mL 才算是危险货物,否则就不是危险货物。这是目前国家安监总局没有将白酒的运输和销售等列入危险化学品的管理范围的原因。

六、思考题

(1) 持续燃烧试验测定应用在什么方面?

(2) 试验过程中需要注意哪些事项?

（3）为什么国家没有将白酒的运输和销售等列入危险化学品的管理范围？

实验 33　易燃固体危险货物危险特性实验

一、实验目的

易燃固体系指燃点低，对热、撞击、摩擦敏感，易被外部火源点燃，燃烧迅速，并可能发出有毒烟雾或有毒气体的固体，但不包括已列入爆炸品的物品。易燃固体的主要特性是容易氧化，受热易分解或升华，遇火种、热源常会引起强烈、持续的燃烧。易燃固体与氧化剂接触，反应剧烈而发生燃烧爆炸，如：赤磷与氯酸钾接触，硫黄粉与氯酸钾或过氧化钠接触，均易立即发生燃烧爆炸。易燃固体对摩擦、撞击、震动也很敏感，如赤磷、闪光粉等受摩擦、震动、撞击等也能起火燃烧甚至爆炸。有些易燃固体与酸类（特别是氧化性酸）反应剧烈，会发生燃烧爆炸，如：发泡剂 H 与酸或酸雾接触会迅速着火燃烧，萘遇浓硝酸（特别是发烟硝酸）反应猛烈且会发生爆炸。许多易燃固体有毒，燃烧产物有毒或有腐蚀性。

为了避免易燃固体燃烧发生火灾或爆炸事故，需要对易燃固体火灾危险性因素进行研究，包括熔点、燃点、自燃点、单位体积的表面积、热解温度、燃烧速率。其中燃烧速率是一个重要的因素，易燃固体的分类程序包括筛选试验、燃烧速率测试和润湿的区域是否停止传播，以此来对易燃固体进行分类，并确定适当的包装类别。本实验目的如下。

（1）熟悉易燃固体危险货物被点燃后扩散燃烧能力的测定原理；
（2）掌握易燃固体危险货物危险特性测定仪的组成和工作原理及正确使用方法；
（3）学会对给定粉末样品的危险特性及适用包装类别进行判定。

二、实验原理

筛选试验：将商业形式的固体物质，做成长约 250mm、宽 20mm、高 10mm 的带或粉带，置于不渗透、低导热的底板上，用煤气喷嘴（最小直径为 5mm）喷出的高温火焰（最低温度为 1 000℃）置于粉带的一端将粉末点燃。如果样品不能在 2min（或对金属或合金粉末样品不能在 20min）试验时间内点燃并沿着固体样品带火焰或带烟燃烧 200mm，那么该固体样品不应划为易燃固体，且无需进一步试验。如果在不大于 2min（对金属或合金粉末样品在不大于 20min）试验时间内点燃并沿着固体样品带火焰或带烟燃烧 200mm，则应进行下面的全部试验。

燃烧速率试验：将商品形式的粉状或颗粒状样品紧密地装入模具，模具的顶上安放不渗透、不燃烧、低导热的底板，把设备倒置，拿掉模具。如为潮湿敏感样品，应在该样品从其容器中取出后尽快把试验做完。燃烧速率试验应在通风橱中进行，风速应足以防止烟雾逸进试验室。粉状或颗粒状样品进行的试验中有一次或多次燃烧时间少于 45s，或燃烧速率大于 2.2mm/s，应将样品分类为易燃固体。金属或金属合金粉末如能点燃，并且在 10min 内可蔓延至样品的全部长度时，应将其分类为易燃固体。

适用包装类别判定试验:对于金属或其合金粉以外的样品,为了检查易燃固体遇湿后的燃烧能力,需要用水滴加在试样上形成一湿润段,以测试火焰穿越这一湿润段的能力(由于在多数情况下,水流到试样边沿便没有了,所以可在水中再加湿润剂。湿润剂不应含有可燃溶剂,在湿润液中的总活性物质不应超过 1%)。滴加方法是将 1mL 的湿润液滴加在超过 100mm 长的时间测定段外 30~40mm 处的试样上。为了不让湿润液在试样边上流失,并确保试样剖面全部湿润,可在试样脊顶上设一深为 3mm、直径为 5mm 的小穴,将湿润液滴入其中。试验样品(金属粉末除外)的燃烧时间如小于 45s 且火焰通过湿润段,则划入 Ⅱ 类包装。金属或金属合金粉末的燃烧如在 5min 内蔓延到堆垛的全部长度,也划入 Ⅱ 类包装。试验样品(金属粉末除外)的燃烧时间如小于 45s 且湿润段阻止火焰传播至少 4min,划入 Ⅲ 类包装。金属粉末的燃烧如在大于 5min 但小于 10min 的时间内蔓延到试样的全部长度,划入 Ⅲ 类包装。

根据试验结果判定适用包装类别见表 33-1,易燃固体判定与分类流程见图 33-1。

表 33-1 适用包装类别判定

易燃固体	燃烧时间	包装类别
易于燃烧的固体	小于 45s 且火焰通过润湿段	Ⅱ
	小于 45s 且润湿段阻燃至少 4min	Ⅲ
金属或合金粉末	小于 5min	Ⅱ
	大于 5min 且小于 10min	Ⅲ

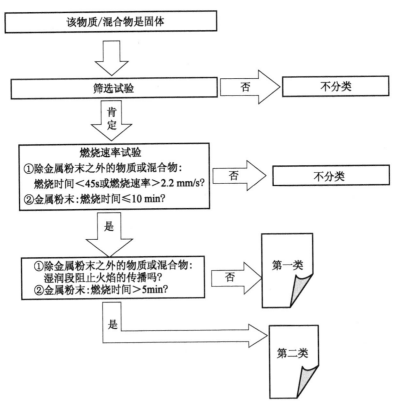

图 33-1 易燃固体判定流程图

三、实验仪器与使用方法

实验测试仪器符合 GB 19521.1—2004《易燃固体危险货物危险特性检验安全规范》、GB 19458—2004《危险货物危险特性检验安全规范 通则》、联合国《关于危险货物运输的建议书 规章范本》(第十三修订版)、联合国《关于危险货物运输的建议书 试验和标准手册》(第四修订版)。仪器主要应用于各类关卡如机场、车站、码头等货物运输中转场合,仪器可对易燃固体危险性进行筛选试验、燃烧速率试验和适用包装类别判定试验。所用仪器具有一体化、大屏幕 LCD 显示、远程遥控、本地打印、自动采样和操作方便等特点。仪器结构见图 33-2。

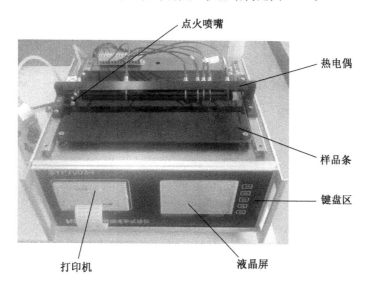

图 33-2　仪器结构示意图

~~~~~~~~~~　1. 仪器主要技术参数　~~~~~~~~~~

(1) 煤气喷嘴直径:5mm,火焰温度:>1 000℃;
(2) 点火时间:金属≤5min,非金属≤2min;
(3) 仪器绝缘电阻大于 2MΩ;
(4) 点火方式:遥控点火;
(5) 样品条尺寸:250mm×20mm×10mm。

~~~~~~~~~~　2. 仪器使用方法　~~~~~~~~~~

开机后,出现欢迎界面,然后进入工作准备(图 33-3)界面。此时,操作者可以通过仪器右侧按键进行界面操作。
(1) 在此界面下,按动 F1 按键,可以进行"非金属"与"金属"物质的选择切换。
(2) 在此界面下,按动 F3 按键,可以进行"记录浏览"操作,进入如下(图 33-4)界面。

（3）在此界面下，按动 F5 按键，可以进行"系统设置"操作，进入如下（图 33-5）界面；再按动 F1 按键，可以进行"系统时间"设定操作，进入如下（图 33-6）界面。

SYP7003-I 设备状态：准 备	11：16：27
	试品类型 非金属
	记 录 浏 览
	系 统 设 置

图 33-3　仪器工作准备界面

SYP7003-I 设备状态：记录浏览	11：16：30
------有效记录：015------	上 一 页
001　2010-06-15　11:15:10	
002　2010-06-15　11:02:09	下 一 页
003　2010-06-15　11:00:02	
004　2010-06-15　10:50:06	
005　2010-06-15　10:44:25	选 择
006　2010-06-15　10:38:08	
007　2010-06-15　10:30:28	查 看
008　2010-06-15　10:22:59	
009　2010-06-15　10:18:09	
010　2010-06-15　10:08:56	返 回

图 33-4　仪器记录浏览界面

SYP7003-I 设备状态：系统设置	11：26：35
系统时间： 通过键盘指示设定系统时间	系统时间
	返 回

图 33-5　仪器系统设置界面

SYP7003-I 设备状态：系统时间	
系统时间： 通过键盘指示设定系统时间 10 - 06 - 30 12：36：52	选 择
	调 整
	返 回

图 33-6　仪器系统时间界面

（4）在"记录浏览"界面，操作者可以通过仪器右侧按键进行界面操作。

① 在此界面下，按动 F1 按键，可以进行"记录浏览"的向上翻页操作。

注：每屏最多显示 10 组历史记录。

② 在此界面下，按动 F2 按键，可以进行"记录浏览"的向下翻页操作。

③ 在此界面下，按动 F3 按键，进行"记录选择"，点按此键，下画线将向下移动。

④ 在此界面下，按动 F4 按键，可以进行"记录查看"操作，要查看的记录就是通过 F3 按键选择出来的记录号代表的记录数据（图 33-7）。此时，操作者可以通过仪器右侧按键进行界面操作，按动 F1 按键，可以进行"打印"操作，按动 F5 按键，可以进行"返回"操作。

⑤ 在此界面下，按动 F5 按键，可以进行"返回"操作，界面回到主界面，即图 33-3 界面。

（5）在"系统时间"界面，操作者可以通过仪器右侧按键进行界面操作。

① 在此界面下，按动 F1 按键，可以进行"选择"操作，即选择要设定的日期时间。

② 在此界面下，按动 F2 按键，可以进行"调整"操作，即对于选中的日期时间进行加 1 操作，直到调整到正确时间为止，按动"返回"按键完成操作。

③ 在此界面下，按动 F5 按键，可以进行"返回"操作，界面回到主界面，即图 33-3 界面。

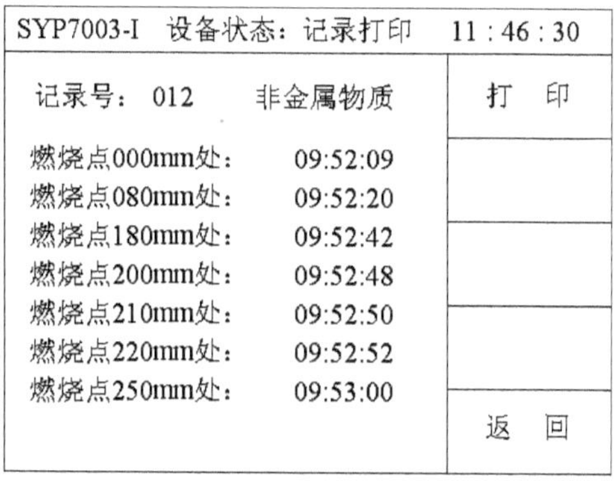

SYP7003-I　设备状态：记录打印　11：46：30
记录号：　012　　　非金属物质
燃烧点000mm处：　　09：52：09
燃烧点080mm处：　　09：52：20
燃烧点180mm处：　　09：52：42
燃烧点200mm处：　　09：52：48
燃烧点210mm处：　　09：52：50
燃烧点220mm处：　　09：52：52
燃烧点250mm处：　　09：53：00

打　印

返　回

图 33-7　仪器记录数据界面

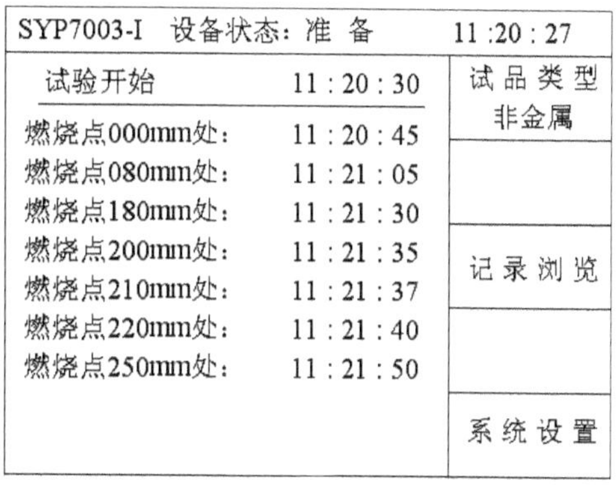

SYP7003-I　设备状态：准　备　11：20：27
试验开始　　　　　11：20：30
燃烧点000mm处：　　11：20：45
燃烧点080mm处：　　11：21：05
燃烧点180mm处：　　11：21：30
燃烧点200mm处：　　11：21：35
燃烧点210mm处：　　11：21：37
燃烧点220mm处：　　11：21：40
燃烧点250mm处：　　11：21：50

试品类型
非金属

记录浏览

系统设置

图 33-8　仪器试验操作界面

四、实验内容及方法

1. 试验准备

（1）从待检货物中任意抽取代表性物质 500g。

（2）将固体样品制成粉状、颗粒状或糊状。

（3）放入样品槽中压制成规定的试验条。

（4）将样品槽放在微晶玻璃板上一起推入仪器中，使得样品槽对准煤气喷嘴。

（5）轻轻拿开样品槽并放下热电偶支架。

（6）在样品条对应第 5 和第 6 热电偶处滴下 1mL 的湿润液，准备开始试验。

2. 试验操作

（1）点火：使用遥控器，按动"开"按钮，仪器自动接通电热丝电源，待电热丝完全加热后，打开煤气阀门，点火。此时，仪器启动计时，见图 33-8。

（2）关电热丝：待火焰生成后，操作者必须及时按动遥控器"关"按钮，且目视电热丝由红色恢复暗色后，方可脱离遥控器。

（3）喷烧试品：调节煤气阀，使火焰烈度适度，向试品喷烧，试品点燃后（或 2min 内非金属未被点燃、5min 内金属未被点燃），关闭煤气阀门。

（4）记录燃烧位置：此时仪器自动记录各监控点的时刻。仪器将会自动结束试验，并给出各监控点的时刻值，据此计算燃烧速率。

五、实验数据记录与结果处理

用实验仪器对几种易燃固体进行测试并与《关于危险货物运输的建议书》中"危险货物一览

表"的分类结果进行对比,实验结果填入表 33-2。

表 33-2　分类试验及结果对比

危险品	筛选实验 (通过或不通过)	燃烧速率 /(mm/s)	火焰是否 通过湿润段	是否易 燃固体	包装 类别	结果 对比

六、思考题

(1) 简述易燃固体危险货物危险特性测定在货物运输安全方面的意义。

(2) 指出影响燃烧速率测试的主要因素。

实验 34　液体氧化物危险特征实验

一、实验目的

　　氧化性物品指具有较强的氧化性能,分解温度较低,遇酸碱、潮湿、强热、摩擦、冲击或与易燃物、还原剂接触能发生分解反应,并引起着火或爆炸的物质。氧化性物品的危险性是通过与其他物质作用或自身发生化学变化的结果表现出来的,其中有机过氧化物较其他氧化性物品具有更大的危险性。所以,这类物品按其典型的分子结构分为氧化剂和有机过氧化物两项。

　　氧化剂多为碱金属、碱土金属的盐或过氧基所组成的化合物。其特点是氧化价态高,金属活泼性强,易分解,有极强的氧化性;本身不燃烧,但与可燃物作用能发生着火和爆炸。在现行列入氧化剂管理的危险品中,除有机硝酸盐类外,都是不燃物质,但当受热、被撞或摩擦时,极易分解出原子氧,若接触易燃物、有机物,特别是与木炭粉、硫黄粉、淀粉等粉末状可燃物混合时,能引起着火和爆炸。虽然氧化剂绝大多数是不燃的,但也有少数有机氧化剂具有可燃性,如硝酸胍、硝酸脲、过氧化氢尿素、高氯酸醋酐溶液等,不仅具有很强的氧化性,而且与可燃性物质结合可引起着火或爆炸,不需要外界的可燃物参与即可燃烧。有些氧化剂与可燃液体接触能引起自燃。氧化剂遇酸后,大多数能发生反应,而且反应常常是剧烈的,甚至引起爆炸。绝大多数氧化剂都具有一定的毒害性和腐蚀性,能毒害人体,烧伤皮肤。

　　由于氧化剂的事故危险性是通过与其他物质的作用而表现出来的,所以其事故危险性大小,也只能通过与其他可燃物完全混合时所达到的燃烧速度和潜在的氧化能力来分析。本实验目的如下。

（1）熟悉液体氧化物危险特性的检验原理；

（2）掌握液体氧化物危险特性试验仪的组成和工作原理及正确使用方法；

（3）学会对所测的液体氧化物的危险特性进行判定,确定该氧化性物质的类别及危险等级与包装类别。

二、实验原理

氧化性液体的主要危险性是与可燃物接触时反应释放热量使体系温度升高,继而导致燃烧。氧化性液体判定流程见图 34-1。根据氧化性强弱,将其分为以下三类。

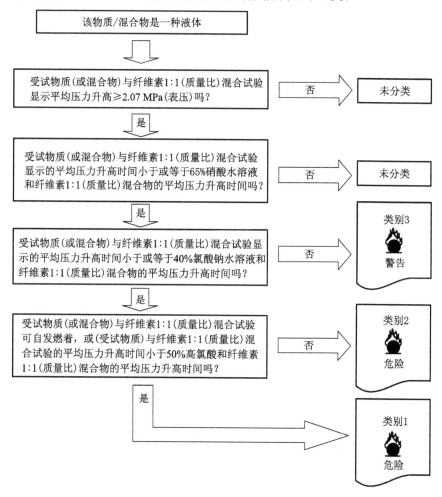

图 34-1　氧化性液体判定流程图

（1）类别 1:受试物质(或混合物)与纤维素 1:1(质量比)混合物可自燃,或受试物质(或混合物)与纤维素 1:1(质量比)混合物的平均压力升高时间小于 50％高氯酸水溶液和纤维素 1:1(质量比)混合物的平均压力升高时间。此类氧化性液体属于强氧化剂,与可燃物质接触可引起燃烧或爆炸。属Ⅰ类包装。

(2) 类别2:受试物质(或混合物)与纤维素1:1(质量比)混合物的平均压力升高时间小于或等于40%氯酸钠水溶液和纤维素1:1(质量比)混合物的平均压力升高时间,并且不符合类别1的任何物质和混合物。此类氧化性液体属于氧化剂,与可燃物质接触可加剧燃烧。属Ⅱ类包装。

(3) 类别3:受试物质(或混合物)与纤维素1:1(质量比)混合物的平均压力升高时间小于或等于65%硝酸水溶液和纤维素1:1(质量比)混合物的平均压力升高时间,并且不符合类别1和类别2的任何物质和混合物。此类氧化性液体属于氧化剂,与可燃物质接触可加剧燃烧,但加剧的程度小于类别2的氧化性液体。属Ⅲ类包装。

假如受试物质(或混合物)与纤维素1:1(质量比)混合,试验显示平均压力升高小于2.07MPa(表压),就不属于氧化性液体;如果有机物或混合物分子中不含有氧、氟、氯等元素,或者是虽含有这些元素,但这些元素只有直接与碳或氢相连的化学键,则该类有机物也不属于氧化性液体。不含有氧或卤素的无机物也肯定不属于氧化性液体。

三、实验仪器

本实验通过测定一种液态物质在与一种可燃物质完全混合时增加该可燃物质的燃烧速度或燃烧强度的潜力或者形成会自发着火的混合物的潜力,确定该物质氧化性能力。测定仪器适用于 GB/T 21620—2008《液体氧化性试验方法》,用于氧化性危险货物的危险特性检验。仪器结构见图 34-2,仪器主要部件-压力容器体的结构见图 34-3。

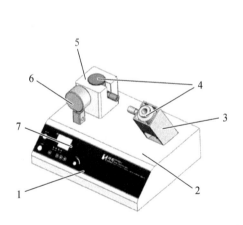

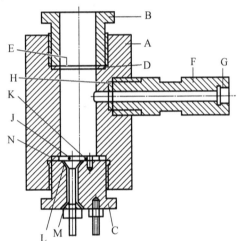

图 34-2　仪器外形结构图

1—控制面板;2—机箱;3—固定支架;
4—压力容器体;5—加热装置;
6—压力表;7—温控仪

图 34-3　压力容器结构

A—压力容器体;B—防爆盘夹持塞;C—点火塞;
D—软铅垫圈;E—防爆盘;F—侧臂;
G—压力传感器螺纹;H—垫圈;J—绝缘电极;
K—接地电极;L—绝缘体;M—钢锥体;N—垫圈变形槽

仪器点火系统(图 34-4)包括一个 25cm 的镍/铬金属线,直径为 0.6mm,电阻为 0.85Ω/m。采用一根直径为 5mm 的棒把金属线绕成线圈形状,然后接到点火塞的电极上。压力容器底部和点火线圈下面之间的距离应为 20mm。如果电极不是可调的,在线圈和容器底部之间的点火金属线端点应当用陶瓷包层绝缘。金属线用能够供应至少 10A 电流的直流电源加热。

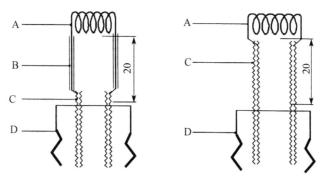

图 34-4　点火系统

A—点火线圈；B—绝缘体；C—电极；D—点火塞

1. 仪器基本性能指标

(1) 测试环境：常温 25℃；

(2) 控温范围：0～100℃；

(3) 显示精度：0.1℃；

(4) 定时长度：60s；

(5) 显示屏：LED 数码显示；

(6) 气源：煤气、天然气（压力<10kPa）；

(7) 压力表测量范围：0～4MPa；

(8) 测量准确度：±0.05MPa；

(9) 加热炉功率：65W；

(10) 整机功率：70W；

(11) 工作电压：AC220V、50Hz。

2. 应进行危险特性检验的情况

(1) 新产品投产或老产品转产时；

(2) 正式生产后，如材料、工艺有较大改变，可能影响产品性能时；

(3) 在正常生产时，每半年一次；

(4) 产品长期停产后，恢复生产时；

(5) 出厂检验结果与上次危险特性检验结果有较大差异时；

(6) 国家质量监督机构提出进行危险特性检验时。

四、实验内容及方法

1. 试验准备

(1) 从待检货物中随机抽取代表性物质 50g 作为待测液体,用于危险特性检测。

(2) 制备干纤维素丝:干纤维素丝厚度不应大于 25mm,在 105℃下干燥至恒定质量(至少 4h)后放入干燥器(带干燥剂)内直到冷却后待用。含水量按质量分数应小于 0.5%,必要时可延长干燥时间。

(3) 采用质量分数为 50% 的高氯酸、质量分数为 40% 的氯酸钠溶液和质量分数为 65% 的硝酸溶液作为标准物质,按照试验要求与干纤维素丝 1:1(质量比),分别制备标准混合物 Ⅳ、Ⅴ 和 Ⅵ。

(4) 按照试验要求的待测液体与干纤维素丝质量比为 1:1 的混合物比例,制备检测混合物 Ⅰ。

2. 试验操作

(1) 根据图 34-3 将压力容器体一端装入铅垫圈,用点火塞固定牢靠后,点火塞朝下放置好。将 2.5g 待测液体与 2.5g 干纤维素丝放在玻璃烧杯里用一根玻璃搅拌棒搅拌。为了安全,搅拌时应当在操作员和混合物之间放置一个安全屏障。如果混合物在拌合或填装时着火,则不需要继续试验。

(2) 将混合物少量分批地加入压力容器体并轻轻拍打,确保混合物堆积在点火线圈四周并且与之接触良好。在填装过程中不得把线圈扭曲。防爆盘放好后将爆破圆盘保护塞拧紧。

(3) 将装了混合物的容器移到固定支架上,防爆盘朝下,并置于适当的防爆通风橱或点火室中,用 PU 管通过快速接头将压力表与压力容器体相连接。将电源接到点火塞外的绝缘电极上。从开始搅拌到接通电源的时间应当约为 10min。

(4) 按下"60s 倒计时开关",同时按下"点火试验开关",这时蜂鸣器响,同时压力容器内的点火塞点火。面板上显示 60s 倒计时时间。操作者对压力表的读数进行记录。将混合物加热到防爆盘破裂或者至少过了 60s。如果防爆盘没有破裂,应待混合物冷却后小心地拆卸设备,并采取预防高压的措施。注意:计时结束后需要及时关闭点火开关,防止由于过长时间点火导致点火丝断裂。

(5) 每种检测混合物和标准混合物都需进行 5 次试验。记录压力从 0.69MPa 上升到 2.07MPa 所需要的时间,以平均时间来进行分类。

五、实验数据记录与结果处理

如满足下列条件之一,则判定为液体氧化物。

(1) 检测混合物 Ⅰ 能够发火;

(2) 检测混合物 Ⅰ 液体压力从 0.69MPa(表压)上升到 2.07MPa(表压)所需的平均时间应等于或小于标准混合物 Ⅳ 的平均燃烧时间。

根据液体氧化性物质危险等级和包装类别的划分方法,确定检测混合物 I 的实验结果(表 34-1)。

表 34-1　氧化性液体分类试验及结果

物质	平均压力上升时间/s	危险等级(是否为液体氧化物)	包装类别
标准混合物Ⅳ			
标准混合物Ⅴ			
标准混合物Ⅵ			
检测混合物 I			

六、思考题

(1) 液体氧化物危险特性试验仪应用在什么方面?在货物运输安全方面的意义是什么?

(2) 试验过程中需要特别注意的事项有哪些?

(3) 指出实验中可能产生误差的原因。

实验 35　遇水放出易燃气体危险货物危险特性分析实验

一、实验目的

近年来危险化学品的运输事故频发,严重威胁人类的生存环境和安全健康,化学品危险性检测是评估化学品在生产、储存、运输等环节危险性的必要手段。遇水放出易燃气体危险货物是指遇水或受潮时,发生剧烈化学反应,放出大量的易燃气体和热量的物品。有的不需要明火,即能燃烧或爆炸。水是最常用、最方便、最便宜的灭火剂,在危险化学品泄漏或发生火灾的事故处理中,有一部分是遇水放出易燃气体的物品,既不能用水扑救,也不能用水冷却。而这些灾害事故发生的时间往往又是雨天或空气湿度大的天气,除了有效使用的灭火剂除干粉外,一般没有其他备用品,了解遇水放出易燃气体化学品的特性,有利于处置遇水反应的危险化学品灾害事故。

遇水放出易燃气体危险货物除本身能燃烧外,即使有些本身不燃的物品,遇水反应后能产生可燃气体和放出热量,引起可燃气体燃烧或放出的热量引起可燃包装或周围可燃物燃烧,与相接触的物品混合引起燃烧等;除本身是爆炸物品外,有些物品受热、振动、摩擦就会发生爆炸,有些遇水反应产生可燃气体,当积聚在一定的有限空间内并与空气混合,遇火种即发生恶性爆炸事故等;除本身有毒外,即使本身无毒,遇水反应也会生成有毒气体,有些与其他物质反应生成有毒气体等;除本身是腐蚀品外,有些遇水反应会生成腐蚀性的液体或气体;有些与其他物质反应,也能生成腐蚀性的液体或气体等。某些遇水放出易燃气体的危险货物具有聚合作用的特性,由于其本身的热量而使放热聚合作用加速进行,当泄压口被堵塞,温度的升高会引起压力的增大,直接导致容器破坏性的爆炸或爆裂,潜在危险性极大。

185

遇水可放出易燃气体的危险物质的定量标准是以实验结果为依据的,其特点是:遇水、酸、碱、潮湿发生剧烈的化学反应,放出可燃气体和热量。当热量达到可燃气体自燃点或接触外来火源时,会立即着火或爆炸。遇湿易燃物质常见的有:锂、钠、钾、钙、铷、铯、镁、钙、铝等金属的氢化物(如氢化钙)、碳化物(如电石)、硅化物(如硅化钠);磷化物(如磷化钙、磷化锌),以及锂、钠、钾等金属的硼氢化物(如硼氢化钠)和镁粉、锌粉、保险粉等轻金属粉末。本实验目的如下。

(1)熟悉遇水放出易燃气体的物质危险特性的检验原理;

(2)了解遇水放出易燃气体危险货物危险特性分析仪的结构和工作原理,掌握仪器的正确使用方法;

(3)对所测遇水放出易燃气体危险货物的危险特性进行判定,确定遇水放出易燃气体危险货物的包装类别。

二、实验原理

化学品遇水反应放出易燃气体的危险性测试是化学品危险性评估的重要项目,其危害主要体现在储运过程中遇水反应释放易燃易爆气体或有毒气体。由于遇水放出易燃气体的危险货物的主要危险特性是一接触水即可释放出易燃气体和热量,所以要检测其危险性的大小,应根据其与水接触后反应的剧烈程度和释放出易燃气体的量的多少来评价。试验方法可用于固体和液体物质,但不适用于发火自燃物质。测定程序如下。

1. 危险特性类别判定试验

(1)入水试验:少量试验物质(直径约2mm)置于20℃蒸馏水的水槽中,记录:是否产生任何气体;是否出现气体的自燃。

(2)停留试验:将少量试验物质(直径约2mm)置于平坦浮在适当器皿(直径为100mm的蒸发皿)中蒸馏水水面上一张过滤纸的中心。过滤纸将使该物质留在某一处,在这种情况下有极大可能出现某种气体的自燃。记录:是否产生任何气体;是否出现自燃。

(3)滴水试验:将试验物质做成高约20mm、直径约30mm的堆垛形式,垛顶做成一个凹槽,在槽穴中滴上几滴水。记录:是否产生任何气体;是否出现自燃。

以上测试,如系液体应在环境温度20℃和标准大气压力下进行,并重复3次;如系固体物质,若物质中有直径小于$500\mu m$的易碎的颗粒,且占物质总量的1%以上时,应在试验前将它磨成粉。危险特性类别判定见表35-1。

表35-1　危险特性试验判定

试验项目	试验要求
入水试验	产生气体或气体自燃
停留试验	产生气体或气体自燃
滴水试验	产生气体或气体自燃

在试验过程中任一步骤发生自燃或释放易燃气体的速度大于$1L/(kg \cdot h)$则判定该物质为遇水放出易燃气体危险货物。

在遇到性质不明的化学物质时,假如物质满足下列情况之一,就可肯定不是遇水放出易燃气体的物质:①物质或混合物的化学结构不含金属元素或类金属元素;②生产或处理中的经验表明该物质或混合物不会遇水发生反应,例如该物质是用水制造的或用水洗涤过的;③已知该物质或混合物可溶于水,形成一种稳定的混合物。

~~~~~~~~~~~~~~~~~ **2. 适用包装类别判定试验** ~~~~~~~~~~~~~~~~~

在测试时将水注入滴液漏斗,将足以产生 100～250mL 气体的物质(最多不超过 25g)称好并置于一锥形瓶中。将滴液漏斗排放孔打开并启动秒表,用任何适当的工具测定所释放出的气体,记下释放全部气体所需的时间,并在可能的条件下记下中间读数,计算持续 7h 的气体释放速度,每隔 1h 计算 1 次。如果释放速度不稳定,或在 7h 之后还在增加,则应延长测定时间,但最长延长时间为 5d。如果释放速度变得稳定或不断地减少,并已确定充分释放时,可将该物质划定一个危险级别或确定不应划为遇水易燃品,则 5d 试验可停止。如果释放的气体的化学特性是未知的,则还应对该气体的易燃性(爆炸极限)进行试验测定。遇水放出易燃气体危险货物适用包装类别判定见表 35-2,遇水放出易燃气体化学品分类流程见图 35-1。

表 35-2　适用包装类别试验要求

试验项目	试验要求
遇水放出易燃气体危险货物包装类别判定试验	① 释放易燃气体速度≥600L/(kg·h)划为Ⅰ类包装。 ② 20L/(kg·h)≤释放易燃气体速度<600L/(kg·h)划为Ⅱ类包装。 ③ 1L/(kg·h)<释放易燃气体速度<20L/(kg·h)划为Ⅲ类包装

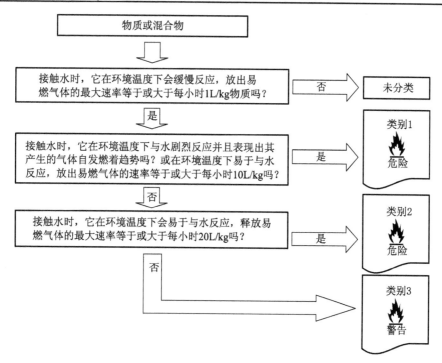

图 35-1　遇水放出易燃气体化学品分类流程图

三、实验仪器

实验所用仪器适用于 GB 19521.4—2004《遇水放出易燃气体危险货物危险特征性检验安全规范》及联合国《关于危险货物运输的建议书 试验和标准手册》(第四修订版)。所用设备实时监测被测物质遇水后产生的气体流量,并将流量波形显示出来。采用大屏幕 LCD 显示、ATM 操作界面,具有自动测试、记录查询、记录打印,在线测试波形打印等功能,能存储 20 000 个时间单元的测试结果。

仪器结构如图 35-2 所示,由整机、分液漏斗、漏斗支架、容器罐、气路五部分组成。

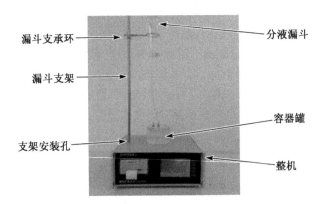

图 35-2　遇水放出易燃气体危险货物危险特性分析仪结构简图

仪器操作说明如下。

开机后系统会进入如图 35-3 所示的选择界面。

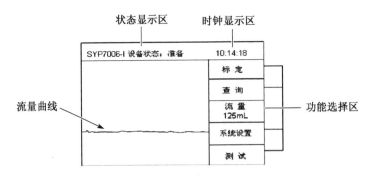

图 35-3　仪器工作准备界面

"状态显示区"——该区域显示当前设备的状态。设备的状态有准备、测试、设置等。

"时钟显示区"——该区域显示的是当前的时间。

"功能选择区"——该区域能完成用户的各项实验操作,包括记录调用,参数设置,系统设置与测试启停。

"主显示区域"——该区域显示被测流量的波形。

在设备准备状态时,操作面板上各键的定义如下。

F1 键——标定传感器参数使用,用户不能使用。

F2 键——调用上一次测量的数据记录。

F3 键——没有功能操作。

F4 键——可以设置系统时间,打印间隔,记录间隔,刷新间隔参数。

F5 键——启动测试或停止测试。

四、实验内容方法

试验应在环境温度(20℃)和大气压力下进行,试验应在通风橱中进行。

～～～～～～～　1. 危险特性类别判定试验　～～～～～～～

(1) 入水试验:将体积为 34mm³ 的物质置于 20℃ 蒸馏水中,观察并记录发生的现象。

(2) 停留试验:将体积为 34mm³ 的物质置于平坦浮在 20℃ 蒸馏水面上的过滤纸中心,观察并记录所产生的现象。

(3) 滴水试验:将 5cm³ 试验物质做成高约 20mm、直径约 30mm 的堆垛,垛顶上做一凹槽。在凹槽中加几滴蒸馏水,观察并记录发生现象。

～～～～～～～　2. 适用包装类别判定试验　～～～～～～～

遇水放出易燃气体危险货物危险特性分析仪测试过程如下。

将分液漏斗内灌满 250mL 清水,被测物小心置入容器罐内,拧好盖子,根据需要打开流量调节阀将水注入容器罐中。按"F5"键测试,如图 35-4 所示,测试过程中可以实时打印流量曲线,并每隔一定的时间将流量数据保存到内存中,最大可以保存 20 000 个数据。保存数据的时间间隔可以在系统设置中设置。如想中断测试,再按"F5"键则返回准备状态界面。图 35-4 显示说明如下。

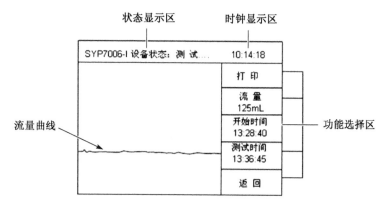

图 35-4　仪器测试界面

"打印"——F1 键,按下该键可以启动或停止打印机,启动打印机将实时打印流量曲线。为节省纸张,可以设定打印波形的时间间隔,如每隔几秒打印一个曲线点。

"流量"——实时显示测试的流量数据。

"开始时间"——显示开始测试时的时间。

"测试时间"——显示已经测试了多少时间。

图 35-3 状态下按"F2"键进入如图 35-5 所示的"记录查询"界面,仪器提供的强大事件记录功能最多可存储 20 000 条实验结果。左栏是编号,右栏是数据。每次保存的数据在下次测试时将自动清除。每一屏可显示 10 条记录,通过"F1"键和"F2"键的翻页功能来查询记录。按"F3"键可打印全部数据。按"F5"键退出当前的设置返回图 35-3 界面。

在准备状态下,直接按下"F4"键将进入如图 35-6 所示的系统设置界面。通过操作控制面板上的"F1"键"F2"键"F3"键移动光标和调整参数。"F5"键退出当前的设置返回图 35-6 界面。

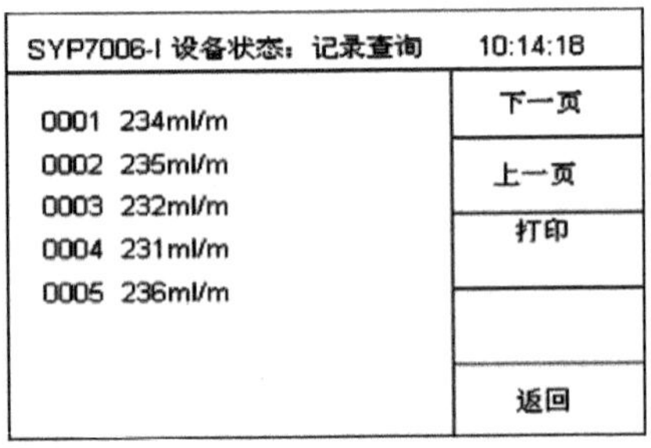

图 35-5 仪器记录查询界面

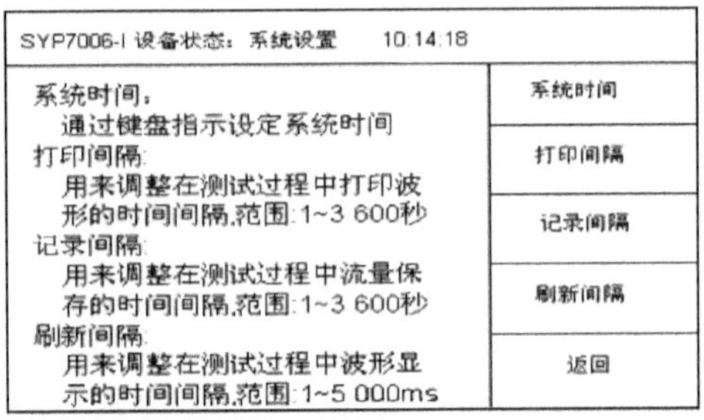

图 35-6 仪器系统设置界面

F1 键—用来设置系统时间;F2 键—用来设置打印间隔;
F3 键—用来设置记录间隔;F4 键—用来设置刷新间隔

五、实验数据记录与结果处理

用实验仪器对几种遇水放出易燃气体危险货物的危险特性进行测试,数据记录与判定列入表 35-3。

表 35-3 遇水放出易燃气体试验结果

物质	气体释放率 / [L/(kg·h)]	气体自燃(是/否)	危险特性类别	适用包装类别

六、思考题

(1) 遇水放出易燃气体危险货物的危害有哪些?

(2) 试验过程中需要注意的事项有哪些?

(3) 如何根据试验结果来判断遇水放出易燃气体的危险货物适用的包装类别?

第七篇

应急救援实验

实验 36　高级自动电脑心肺复苏模拟人实验

一、实验目的

当今社会灾害事故频频发生,给人们的生命带来极大的威胁,当灾害事故发生时,让伤员得到及时、合理、有效的现场抢救尤其重要。当灾害事故发生时,专业的急救人员往往不能在第一时间到达现场对伤员进行急救,延误了抢救的时间,造成巨大的损失,提高心肺复苏技术及急救常识势在必行。

心肺复苏术的国际用语:Cardioplmonary Resuscitation,简称 CPR。心脏骤停(如心脏疾病、心肌梗死、触电、溺水、中毒、矿难、高空作业、交通事故、旅游意外、自然灾害、意外事故等所造成的心脏骤停)时,现场第一目击者宜采取呼吸、心肺复苏术等紧急救助措施。在现场采取心肺复苏术包括 A、B、C、D 四大步骤:即 A——气道开放、B——人工呼吸、C——人工循环(胸外按压),有条件可采取 D——自动体外除颤。而现场抢救人员,必须要规范标准地进行心肺复苏术 A、B、C、D 步骤抢救,才能使病人在最短的时间内获救。因此,作为第一时间亲临事故现场的安全工作者,必须要学会心肺复苏术。本实验的目的如下。

(1)掌握现场急救人工呼吸方法;

(2)掌握急救心脏按压方法。

二、实验仪器与功能特点

图 36-1、图 36-2 与图 36-3 分别为心肺复苏模拟人实验仪器显示器正面示意图,人体按压强度、吹气量度显示示意图与显示器背面示意图。

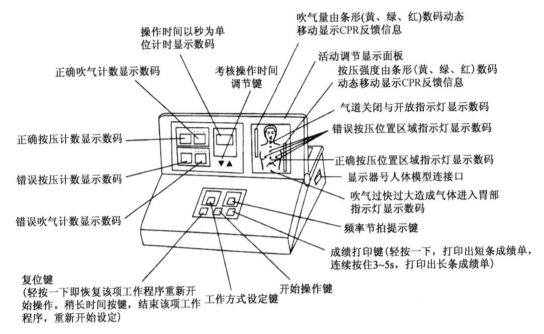

图 36-1　显示器正面示意图

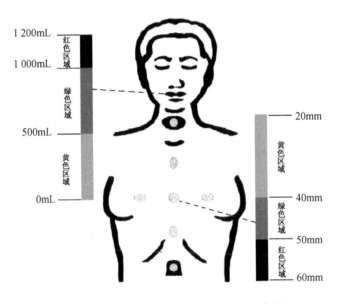

图 36-2　人体按压强度、吹气量度显示示意图

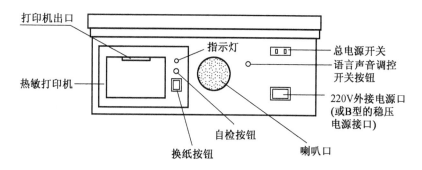

图 36-3 显示器背面示意图

功能特点如下。

该产品采用美国心脏学会(AHA)2005 国际心肺复苏(CPR)指南标准。

(1) 模拟标准气道开放显示,语言提示;

(2) 人工手位胸外按压指示灯显示,数码记数显示,语言提示,按压位置(4～5cm 区域)与按压强度的数码指示;

(3) 人工口对口呼吸(吹气)的指示灯显示、数码计数显示、语言提示,吹入的潮气量(500～1 000mL)数码指示;

(4) 按压与人工呼吸比:30∶2(单人或者双人);

(5) 操作周期:2 次有效人工吹气后,再按压与人工吹气 30∶2 五个循环周期 CPR 操作;

(6) 操作频率:最新国际标准为 100 次/min;

(7) 操作方式:训练操作,考核操作;

(8) 操作时间:以秒(s)为单位时间计时,可设定考核操作时间;

(9) 语言设定:可进行语言提示设定及提示音量调节设定,或关闭语言提示设定;

(10) 成绩打印:操作结果可用热敏纸打印长条成绩单与短条成绩单;

(11) 检查瞳孔反映:考核操作前和考核程序操作完成后,模拟瞳孔由散大到缩小的自动动态变化过程;

(12) 检查颈动脉反应:用手触摸检查,模拟按压操作过程中的颈动脉的自动搏动反应,以及考核程序操作完成后颈动脉自动搏动反应。

三、模型人安装过程

先将模拟人从人体硬塑箱内取出,将复苏操作垫铺开。使模拟人平躺仰卧在操作垫上,另将电脑显示器、连接电源线、外接电源线从显示器硬塑箱内取出与人体进行连接,再将电脑显示器与 220V 电源接好,完成连线过程。

四、操作前功能设定及使用方式

完成连线过程后,即打开电脑显示器后面总电源开关,随之有语言提示:"欢迎使用,请选择工作方式",按"工作方式"键,可选择①"训练操作";②"考核操作"。

如选择"训练操作",又有语言提示:"请按开始键开始操作",随后按"开始"键,在第一次吹气或胸外按压后,这时操作时间以秒为单位开始计时,训练时间最长为 9 分 59 秒。

如选择"考核操作",又有语言提示:"请选择工作时间",按"▼▲"时间调节键设定考核时间,最后有语言提示:"请按开始键开始操作",随后按"开始"键,在两次正确吹气后,考核时间以秒为单位开始计时,超过设定的考核时间,系统自动停机,结束本次操作。

如果在进行操作过程中,无需语言提示或降低语言提示声音,可用电脑显示器背面的语言声音调控按钮调节音量或关闭音量。

注意事项如下。

(1) 复位键功能:即选定工作方式,按程序操作,操作不成功或其他原因需重新操作,请轻按一下复位键重新按当前工作程序操作,如需更改工作方式操作,同样按复位键,按压时间稍长些,即恢复开机状态,可以重新设定工作方式及其他操作步骤,开始操作。

(2) 打印键功能:训练、考核结束,可进行成绩打印,成绩打印可分为短条成绩单和长条成绩单两种打印模式。轻按一下,打印出短条成绩单,连续按住 3～5s,打印出长条成绩单(图 36-4)。(按压、吹气正确错误次数,所需操作时间,脉搏频率,以及按压强度,按压位置,吹气量度区域线条曲线等功能打印,以供考核成绩评定及存档)

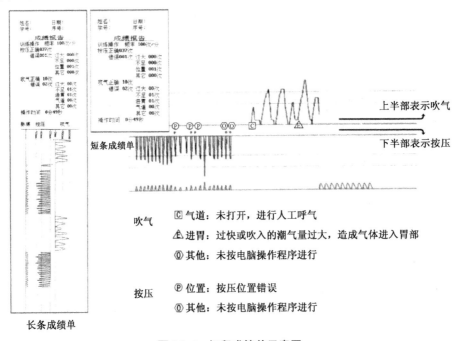

图 36-4 打印成绩单示意图

五、规范动作

1. 气道开放

将模拟人平躺仰卧,操作时,操作人一只手两指捏鼻,另一只手伸入后颈或下巴将头托起往后仰与水平面形成 70°～90°角度,显示器上颈部气道开放的数码指示绿灯显示亮起,说明气道开放,便于人工吹气,气道通气(图 36-5)。

图 36-5　气道开放示意图

2. 正确、错误人工吹气功能提示

首先进行人工口对口吹气(如实际现场抢救中一些病人口紧闭,上下牙齿紧咬,无法进行口对口吹气,可以采取口对鼻吹气,而模拟人的口是张开的,必须用手将模拟人的口封住再进行口对鼻吹气操作)。①正确人工吹气吹入潮气量达到 500～1 000mL,显示器上正确吹气量的信息反馈由条形动态数码显示为由黄色区域到绿色区域,正确数码计数 1 次。②错误人工吹气,吹入潮气量大于 1 000mL,显示器上的吹气量过大的信息反馈由条形动态数码显示为由黄色区域至绿色区域再至红色区域,并有"吹气过大"的语言提示,吹气错误数码计数1次。③错误人工吹气,吹入潮气量不足 500mL,显示器上的吹气量不足的信息反馈由条形动态数码显示为黄色区域,并有"吹气不足"的语言提示,吹气错误数码计数 1 次。④错误人工吹气,吹入的方式过快或吹入潮气量过大,吹入潮气量大于 1 200mL 造成气体进入胃部,显示器上的胃部的红色指示灯显示亮起,并有语言提示,吹气错误数码计数 1 次。

3. 正确、错误人工按压功能提示

(1) 按压位置:首先找准胸部正确位置(两侧肋弓交点处)上方两横指即胸骨中下 1/3 交界处或胸部正中乳头连线水平为正确按压区,双手交叉叠在一起,手臂垂直于模拟人胸部按压区,进行胸外按压(可参考图 36-6)。按压位置正确,显示器上的正确按压区域绿灯数码显示。按压位置错误,显示器上的错误按压区域黄灯数码显示,并有"按压位置错误"的语言提示,错误按压数码计数 1 次。

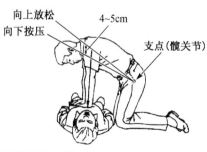

图 36-6　按压位置示意图

(2) 按压强度:①正确胸外按压深度为4～5cm,显示器上的正确按压强度信息反馈由条形动态数码显示为黄色区域至绿色区域,并有正确按压数码计数1次。②错误按压强度,按压的深度小于4cm,显示器上的按压不足信息反馈由条形动态数码显示为黄色区域,并有"按压不足"的语言提示,错误按压数码计数1次。③错误按压强度,按压的深度大于5cm,显示器上的按压过大信息反馈由条形动态数码显示为由黄色区域至绿色区域再至红色区域,并有"按压过大"的语言提示,错误按压数码计数1次。④如果在一次胸外按压后,在胸壁还没有回复至原位而再次按压,将有"按压复位"的语言提示,错误按压数码计数1次。

六、实验内容及方法

(1) 训练练习:此项操作是让初学人员熟悉和掌握操作基本要领及各项步骤。学员要做好操作前的各项准备,设定好训练工作方式,按开始键启动后,首先进行气道开放,然后进行口对口吹气或胸外按压都可以,操作正确或错误会有各类功能数码显示及语言提示。操作时间最长为9分59秒,如操作过程中需要中断操作,可按开始键终止或停止操作30s后会自动终止训练操作。

(2) 考核操作:此项操作是考核学员在熟练训练操作的基础上进行考试,学员必须按考试标准电脑操作程序进行。根据《2005国际心肺复苏(CPR)& 心血管急救(ECC)指南标准》的要求精神。单人考核与双人考核按最新标准的胸外按压与人工呼吸的比例一律为30:2,操作频率为100次/min。操作周期为2次有效吹气,再正确按压与人工吹气五个循环CPR(图36-7)。考核标准操作程序:首先,设定好考核方式与考核时间的功能后,检查模拟人的瞳孔为散大状态,颈动脉没有搏动状态等情况下,将模拟人气道开放,人工口对口正确吹气2次(不含错误吹气次数在内)。然后,显示器上的时间计时数码开始计时,马上按国际最新抢救标准比例30:2的方式操作,必须按照操作频率100次/min的提示节拍音,进行正确胸外按压30次(不含错误按压次数在内),再正确人工呼吸口对口吹气2次(不含错误吹气次数在内),连续操作完成30:2的五个循环标准步骤。最后,在原先设定的考核时间内,显示器上的正确胸外按压次数显示为150次;正确人工呼吸次数显示为12次(含最先气道开放时,吹入的2次计数在内),即可成功完成单人考核或双人考核的操作程序过程。如在设定时间内不能完成五个循环标准步骤,将有"急救失败"语言提示。按复位键重新开始考核操作。成功完成单人或双人操作过程后,自动奏响音乐,检查模拟人的瞳孔由操作前的散大状态自动缩小恢复正常;触摸颈动脉有节奏地自动搏动;查看所需操作时间,说明人被救所需时间。可按"打印"键打印出两种模式的短条与长条的考核操作成绩报告单,以供考核成绩评定及存档。

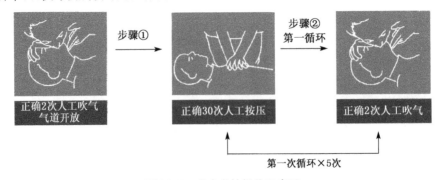

图36-7 单人考核操作示意图

七、注意事项

（1）做口对口人工呼吸时，必须使用一次性 CPR 训练面膜，一人一片，以防交叉感染。

（2）操作者双手应清洁，女性请擦除口红及唇膏，以防弄脏面皮及胸皮，更不允许用圆珠笔或其他色笔涂划。

（3）按压操作时，一定按工作频率节奏按压，不能乱按一阵，以免程序出现紊乱，如出现程序紊乱，立刻关掉电脑显示器总电源开关，重新开启，以防影响电脑显示器使用寿命。

八、思考题

（1）试述心肺复苏术的适用范围。

（2）如何进行心肺复苏术急救？

实验 37　现场急救操作实验

一、实验目的

进入 21 世纪后，我们更加需要加强急救培训。虽有证据显示，美洲的土著人也会进行简单的急救并传授这种方法，如有记载说熊社团的苏族的巫医会处理战伤、固定骨折、止血、拔出箭头、用锐石切割伤口和感染部位，但是有组织的急救历史仅 120 年。现代急救学是从军医教士兵如何使用夹板和绷带处理战伤的军事经验中发展起来的。据说是两名英国军官最早将急救的概念推广到社会并制定了第一个急救流程。1903 年考虑到产业工人工作环境危险，事故和死亡发生太频繁，美国组织了一个委员会在全国的工人中进行急救知识教育，美国随之开始进行急救培训。美国急救学顾问委员会对急救是这么定义的：急救是指能够由旁观者（或受害者自己）在最少的或是没有医疗装备条件下采取的评估和干预的方法。急救的评估和干预措施必须在医学上是合理、有科学依据的，在没有依据的情况下必须是经专家一致认定的。

保持呼吸道通畅至关重要，是一切救治的基础。伤员的鼻咽腔和气管，可能被血块、泥土、呕吐物或本身过量分泌的分泌物及舌后坠等完全或部分堵塞，造成窒息，应立即选用合适的现场急救方法，恢复或保持呼吸道的通气。本实验目的如下。

（1）了解需要进行呼吸急救的各种现场；

（2）掌握几种现场急救呼吸方法。

二、实验仪器

模拟人，把实验人员当伤员。

三、实验内容及方法

1. 口对口人工呼吸法（又称吹气呼吸法）

这种方法大多用于抢救触电者。具体操作方法如下。

（1）把伤员抬到新鲜风流动的安全地点后，要以最快的速度和极短的时间检查一下伤员瞳孔有无对光反射。摸摸有无脉搏跳动，听听有无心跳。将棉絮放在受伤者的鼻孔处观察有无呼吸，按一下指甲有无血液循环，同时还要检查有无外伤和骨折。

（2）让伤员仰面平卧，头部尽量后仰，鼻朝天，解开腰带、领扣和衣服（必要时可用剪刀剪开，不可强撕强扯），并立即用保温毯盖好伤员。

（3）撬开伤员的嘴，清除口腔内的脏东西。如果舌头后缩，应拉出舌头，以防堵塞喉咙，妨碍呼吸。

（4）救护的人跪在伤员一侧，一手捏紧他的鼻子，一手揭开他的嘴，如图 37-1 所示。

（5）救护者深吸一口气，然后紧贴伤员的嘴，大口吹气。并仔细观察伤员的胸部是否扩张。以确定吹气是否有效和适当，如图 37-2（a）所示。

（6）吹气完毕，立即离开伤员的嘴，并松开他的口鼻，让他自己呼气，如图 37-2（b）所示。

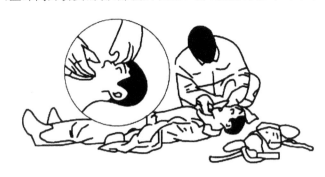

图 37-1　撬嘴示意图

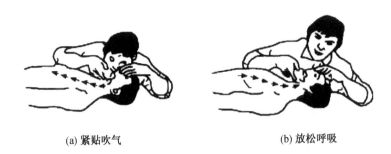

(a) 紧贴吹气　　　　　　　　　　(b) 放松呼吸

图 37-2　吹气呼吸法

（7）照这样依此反复操作，并保持一定的节奏。每分钟均匀地做 14～16 次（约 5s 一次）直到伤员复苏，能够自己呼吸为止。

（8）归纳本法的反复操作：捏鼻张嘴，贴紧吹气，反复进行，直到复苏。

2. 俯卧压背人工呼吸法

这种方法多用于抢救溺水者。具体操作方法如下。

（1）先将伤员放到安全通风地点，进行详细检查。如有肋骨骨折，不能采用此法。

（2）使伤员背部朝上，俯卧躺平，头偏向一侧，既不使他的鼻子和嘴贴在地上，又便于口鼻内的黏液流出。在他的腹部放一个枕垫，伤员两臂向前伸直。用衣服把他的头稍稍抬起（或者一臂前伸，另一臂弯曲，使伤员的头枕在自己的臂上），拉出他的舌头，清除口腔里的脏东西，防止堵塞喉咙，妨碍呼吸。

（3）操作者骑跨在伤员身上，双膝跪在伤员的腿两旁，两手放在下背两边，拇指指向脊椎柱，其余四指指向背上方伸开，如图37-3(a)所示。

（4）操作者两手握住伤员的肋骨，身体向前倾，慢慢压迫其背部，以自身的重量压迫伤员的胸廓，使胸腔缩小，将肺部空气呼出，如图37-3(b)所示。

（5）操作者身体抬起，两手松开，回到原来姿势，使伤的胸廓自然扩张，肺部松开，吸入空气，如图37-3(c)所示。

（6）这样反复进行，每分钟大约14～16次（约5s一次）。直到伤员复苏，能够自己呼吸为止。

操作时应注意：两手不能压得太重，以免压断伤员的肋骨，动作要均匀而有规律。最好用自己的深呼吸做标准，呼气时压下去，吸气时松手抬身。

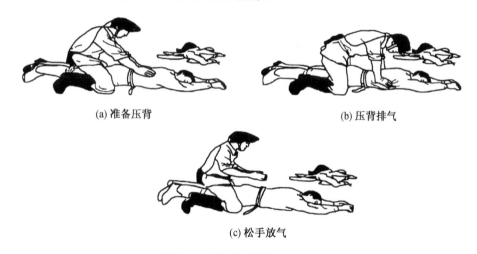

(a) 准备压背   (b) 压背排气

(c) 松手放气

图37-3 俯卧压背人工呼吸法

3. 仰卧举臂压胸人工呼吸法

仰卧举臂压胸人工呼吸法多用于有害气体中毒或窒息的人，以及有肋骨骨折的人。具体操作方法如下。

（1）同口对口人工呼吸法一样，先详细检查伤员的受伤部位和受伤程度。

（2）使伤员仰卧，胸部向上躺平，头偏向一侧，上肢平放在身体两侧，腰背部垫一低枕或用衣服及其他物垫平，使伤员的胸部抬高，肺部张开。撬开伤员的嘴，拉出舌头，清除他口腔里的脏东西。

（3）操作者跪在伤员头部的两边，面向他的头部，两手握住小臂。把伤员的手臂上举放平，2s 后再曲其两臂，用他自己的肘部在胸部压迫两肋约 2s，使伤的胸廓受压后，把肺部的空气呼出来，如图 37-4(a)所示。

（4）把伤员的两臂向上拉直，使他的肺部张开，吸进空气，如图 37-4(b)所示。

（5）这样反复地均匀而有节律地进行，每分钟大约 14～16 次（约 5s 每次）。也可用操作者自己的深呼吸作标准，呼气时压胸，吸气时举臂，直到伤员复苏，能够自己呼吸为止。

由于接受这种人工呼吸法的伤员大多是肋骨有损伤的，所以压胸时注意压力不可太重，动作不可过猛。

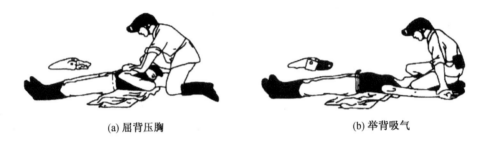

(a) 屈背压胸　　　　　　　　　　　　　　　(b) 举背吸气

图 37-4　仰卧举臂压胸人工呼吸法

四、实验数据记录与结果处理

将人工呼吸操作的数据填入表 37-1。

表 37-1　考核试验数据记录表

试验项目	考核次数	设定频率	设定时间	实际呼吸次数	实际时间	抢救结果
吹气呼吸法	1					
	2					
俯卧压背人工呼吸法	1					
	2					
仰卧举臂压胸人工呼吸法	1					
	2					

五、思考题

（1）试述各类人工呼吸法的适用范围。

（2）简述本实验的心得体会与建议。

参 考 文 献

［1］程春生,秦福涛,魏振云.化工安全生产与反应风险评估.北京:化学工业出版社,2011.

［2］董文庚,苏昭桂.化工安全原理与应用.北京:中国石化出版社,2014.

［3］倪文耀,朱顺兵.安全工程专业实验与课程设计.徐州:中国矿业大学出版社,2012.

［4］王凯全.化工安全工程学.北京:中国石化出版社,2007.

［5］伍爱友,彭新.防火与防爆工程.北京:国防工业出版社,2014.

［6］杨泗霖.防火防爆技术.北京:中国劳动社会保障出版社,2007.

［7］崔克清.安全工程实验与鉴别技术.北京:中国计量出版社,2005.

［8］董文庚.安全检测与监控.北京:中国劳动社会保障出版社,2011.

［9］黄仁东,刘敦文.安全检测技术.北京:化学工业出版社,2006.

［10］欧育湘,李建军.材料阻燃性能测试方法.北京:化学工业出版社,2006.

［11］周维祥.塑料测试技术.北京:化学工业出版社,1997.

［12］肖汉文,王国成,刘少波.高分子材料与工程实验教程.北京:化学工业出版社,2008.

［13］刘敏文,薛民.汽车运输危险货物品名表实用手册.北京:人民交通出版社,2006.

［14］刘荣海,陈网桦,胡毅亭.安全原理与危险化学品测评技术.北京:化学工业出版社,2004.

［15］刘子如.含能材料热分析.北京:国防工业出版社,2008.

［16］王海福,冯顺山.防爆学原理.北京:北京理工大学出版社,2004.

［17］李兆华,胡细全,康群.环境工程实验指导.武汉:中国地质大学出版社,2010.

［18］韩照祥.环境工程实验技术.南京:南京大学出版社,2006.

［19］毕明树,杨国刚.气体和粉尘爆炸防治工程学.北京:化学工业出版社,2012.

［20］王利兵.危险化学品分类及包装技术.北京:化学工业出版社,2009.

［21］蒋军成.危险化学品安全技术与管理.2版.北京:化学工业出版社,2009.

［22］张小青.建筑防雷与接地技术.北京:中国电力出版社,2003.

［23］浑宝炬,郭立稳.矿井粉尘检测与防治技术.北京:化学工业出版社,2005.

［24］崔政斌,石跃武.防火防爆技术.2版.北京:化学工业出版社,2010.

［25］施文.有毒有害气体检测仪器原理及应用.北京:化学工业出版社,2009.

［26］刘定福.安全工程化学基础.北京:化学工业出版社,2004.

［27］杜欢永.职业病危害因素检测.北京:煤炭工业出版社,2013.

［28］张敬东,余明远.安全工程实践教学综合实验指导书.北京:冶金工业出版社,2009.

［29］邵水源.物理化学实验教程.西安:西北工业大学出版社,2011.

［30］奚旦立.环境监测实验.北京:高等教育出版社,2010.

［31］钱沙华,韦进宝.环境仪器分析.2版.北京:中国环境科学出版社,2010.

［32］徐龙君,张巨伟.化工安全工程.徐州:中国矿业大学出版社,2011.

［33］孙宝林.工业防毒技术.北京:中国劳动社会保障出版社,2008.